秸秆养肉牛实用配套技术

曹玉凤　李秋凤　主编

JIEGAN YANGROUNIU SHIYONG PEITAO JISHU

中国科学技术出版社
·北　京·

图书在版编目（CIP）数据

秸秆养肉牛实用配套技术 / 曹玉凤，李秋凤主编 . —北京：中国科学技术出版社，2018.6

ISBN 978-7-5046-8035-8

Ⅰ. ①秸… Ⅱ. ①曹… ②李… Ⅲ. ①肉牛—饲养管理 Ⅳ. ① S823.9

中国版本图书馆 CIP 数据核字（2018）第 090021 号

策划编辑	乌日娜
责任编辑	乌日娜
装帧设计	中文天地
责任校对	焦　宁
责任印制	徐　飞

出　　版	中国科学技术出版社
发　　行	中国科学技术出版社发行部
地　　址	北京市海淀区中关村南大街16号
邮　　编	100081
发行电话	010-62173865
传　　真	010-62173081
网　　址	http://www.cspbooks.com.cn

开　　本	889mm × 1194mm　1/32
字　　数	125千字
印　　张	5.25
版　　次	2018年6月第1版
印　　次	2018年6月第1次印刷
印　　刷	北京长宁印刷有限公司
书　　号	ISBN 978-7-5046-8035-8 / S · 720
定　　价	22.00元

本书编委会

主　编

曹玉凤　李秋凤

副主编

李　妍　孙晓玉　李树静

韩永胜　宋恩亮　韩广星

编写人员（按姓氏笔画排序）

于春起　王美美　王勇胜　申瑞瑞

白大洋　刘　博　许利民　孙晓玉

李　艺　李　妍　李建国　李树静

李秋凤　宋恩亮　张秀江　张进红

赵洋洋　高玉红　曹玉凤　曹玲芝

葛瀚聪　韩广星　韩永胜

Preface 前言

随着人们生活水平和收入的提高，牛肉消费量将呈逐步增加的趋势。我国当前正处于经济快速发展的阶段，随着小康社会和社会主义新农村的建设，人们对牛肉的需求量将越来越大，肉牛业迫切需要加快发展步伐。但我国人口众多、耕地面积较少，粮食生产不足与紧缺状况将长期存在。因此，利用秸秆发展肉牛将是肉牛养殖的发展方向。

肉牛是草食动物，具有特殊的消化功能，可以将作物秸秆等粗饲料资源转化成牛肉产品。牛能够充分利用青、粗饲料和农副产品，特别是农区大量的秸秆经过科学处理后，饲喂肉牛效果良好。发展肉牛等草食家畜，建立我国“节粮型”畜牧业是一条必由之路。

目前，我国肉牛业，仍以农户分散饲养为主，饲养方式粗放，秸秆饲料缺少必要的加工处理，精、粗饲料配比不合理，添加剂和兽药盲目使用。为了帮助肉牛养殖场（户）掌握秸秆养肉牛的配套技术，提高肉牛养殖的经济效益，我们编写了《秸秆养肉牛综合配套技术》一书。本书面向生产实际，内容包括肉牛品种选择、肉牛的常用饲料与秸秆饲料的加工调制、肉牛营养需要与饲料配制技术、秸秆养母牛的饲养管理与繁殖技术、肉牛秸秆育肥技术等共六章。

在编写过程中，笔者根据多年来从事肉牛生产的经验和目前承担的国家现代农业（肉牛牦牛）产业技术体系建设项目和农业部行业专项——北方农作物秸秆饲用化利用技术研究与示范的子课题华北地区肉牛饲用化秸秆型日粮配合优化技术研究与示范的研究内容，同时吸收国内外相关新技术进行撰写，语言通俗易懂，技术简明实用。此外，本书参考和引用了许多文献的有关内容，在此一并致谢！

因笔者水平所限，书中缺点和不足之处在所难免，敬请读者批评指正。

编 著 者

Contents 目录

第一章　概　述

一、我国秸秆资源利用现状

农作物秸秆是子实收获后剩留下的含纤维成分很高的作物残留物，是反刍动物重要的饲料资源。根据各种作物秸秆产量系数（稻谷1∶0.9；小麦1∶1.1；玉米1∶1.2；大豆1∶1.6；薯类1∶0.5；杂粮1∶1.6；花生1∶0.8）乘以作物子实总产量推算农作物秸秆产量，目前我国农作物秸秆年总产量达6亿～7亿吨，其中稻草类2.3亿吨，小麦秸秆1.2亿吨，玉米秸秆2.2亿吨，豆类和杂粮作物秸秆1亿吨；花生和薯类藤蔓1亿吨，仅玉米秸秆一项，若能青贮后喂牛就可多养牛5 700万头。但目前我国农作物秸秆综合利用率不足50%。大量秸秆被焚烧，既污染环境，影响人民健康，还对工业生产和交通造成不利影响。另一方面，我国资源相对匮乏，必须走资源节约型的可持续发展道路。农作物秸秆就是一种宝贵的再生资源，合理开发利用秸秆，已成为一个刻不容缓的问题，成为农业生产资源开发的焦点。

（一）秸秆综合利用

1. 秸秆直接还田　近年来已得到广泛宣传、推广，其中包括秸秆粉碎还田、粉碎灭茬还田、整株还田、根茬粉碎还田。这种方式重在改善土壤的团粒结构和理化性状。秸秆翻入土中后，在

分解过程中矿质化，释放养分；同时，进行腐殖质化，从而改善了土壤的结构及保水、吸水、黏结、透气、保温等性状，提高了土壤本身调节水、肥、温、气的能力。土壤有机质含量增加，养分结构趋于合理，容重降低，土质疏松、通透性提高，犁耕比阻减少。此法缺点：秸秆还田后土壤中氮素不足，微生物在分解秸秆时就会与农作物争夺土壤中的氮素，导致部分秸秆还田后的麦田出苗率低、苗黄、苗弱，甚至死苗现象，不但不增产，反而减产。另外，秸秆本身附着的病虫害菌未经杀灭直接还田，增加了翌年农田病虫害发生概率。解决上述问题尚需辅以相应配套措施。

2. 秸秆堆沤还田 利用秸秆堆沤以高温堆肥，快速腐熟为主。通过控制温度，调节碳氮比，撒施速腐剂使秸秆腐烂，提高堆沤秸秆有机肥中有机质与氮、磷、钾等有效成分含量。土壤使用堆腐也可改善土壤理化性状、提高肥效。但这种方法和直接还田一样，存在浪费资源缺陷。秸秆中丰富的能量、维生素及部分酶类不能被生物利用而白白浪费，故不是理想的秸秆利用方式。

3. 秸秆气化 是一种秸秆能源利用技术。目前推广应用较多的是缺氧状态下加热秸秆，使秸秆中的碳、氢、氧等元素变成一氧化碳、氢气、甲烷等可燃性气体，成为直接提供生活和工业用的优质能源。另外，还可得到 75% 的热解油，15% 的木炭粉，用途广泛。这种秸秆利用方式，有开发前途，但生产投资及成本较高，技术尚不十分成熟，短期内无法在农村中大面积推广。

4. 秸秆栽培食用菌 秸秆（如麦秸）经简单处理，可用来栽培各种食用菌（蘑菇、香菇、金针菇、平菇等），因很少使用农药化肥，是国际公认的绿色食品，并且已有成熟的技术。但受市场、季节、加工条件等多种因素的限制，使用秸秆数量仅占很少比例，不能解决秸秆利用的根本问题。

5. 秸秆作材料工业原料 利用秸秆纤维制作复合材料，可用于材料工业，如秸秆纤维与树脂混合物可制成低密度板材，秸秆制成的人造纤维浆粕可作纤维制品和玻璃纸原料，秸秆纤维加水泥及添加剂制成特种植物纤维水泥复合板。

秸秆还可用于编织、提取淀粉、生产木糖和糠醛、酒精等。

（二）秸秆饲用过腹还田是大农业可持续发展的最佳途径

秸秆饲用过腹还田，目前在我国是一项技术上最成熟、经济效益和生态效益也最好的秸秆综合利用方式。也是最可能在较短时期内大量利用秸秆、彻底解决秸秆焚烧痼疾的最重要的途径。

1. 畜牧业发展的需要 随着人民生活水平面的提高，肉、蛋、奶的需求越来越多。但对可耕地面积以年平均 46 万多公顷的速度递减，人口数量急剧膨胀，跨越温饱阶段后人均农副产品需求不可抑制地扩张的紧迫形势，以目前我国人均 400 千克左右的粮食水平，不可能拿出很多粮食作饲料用粮。因此，畜牧业的发展受粮食产量的制约已不言而喻，饲料用粮缺口很大，只能通过发展草食家畜，通过秸秆及其他农副产品解决。秸秆饲用出路广、需求大，是解决畜牧业饲料问题的主攻方向。

2. 任重而道远 虽然我国秸秆饲用技术推广已取得显著成绩，但仍存在不少问题。目前，每年秸秆经青贮、氨化、微贮处理的饲用量不足全国秸秆总量的 30%。在大规模推广应用中存在政策、技术、资金、物资不配套的问题，尚需抓好关键环节，加大工作力度。秸秆饲用过腹还田不仅关系到粮食与畜牧业生产的发展，还关系到农业发展、农村稳定、农民增收，关系到环境保护、改善生态和农业可持续发展，应当制定优惠政策，全面落实国家“秸秆养畜”发展规划。研究推广一些新技术、新方法，如秸秆调制新技术、草食畜全混合日粮、牛羊秸秆压块、打捆新技术、不同类别加工机械及处理设备研制，如流动作业的秸秆压捆设备，实现田间流动化作业。如果我国把秸秆饲用处理利用率提高到 60%，等于每年从秸秆中夺回 4 500 万吨粮食，变废为宝、利国利民。

二、发展秸秆养肉牛的意义

全世界秸秆年产量29亿多吨，我国既是粮食生产大国，又是秸秆生产大国，每年粮食产量在4.9亿吨左右，农作物秸秆产量在6～7亿吨，占全世界秸秆总量的20%～30%，这对于耕地和淡水资源短缺的我国无疑是一笔宝贵的财富。但每年用于饲料的秸秆量不足20%，秸秆草转化的肉类食品仅占很小的比例，大量的秸秆被弃置田间地头，甚至就地焚烧，形成公害。因此，发展秸秆养肉牛既有现实意义，又有战略意义。

（一）秸秆养牛节约饲料用粮

我国每年青贮秸秆饲料1.3亿吨，氨化、微贮秸秆6 000万吨，再加上未处理直接饲用秸秆1.1亿吨，共节约饲料粮6 500万吨。我国近10年粮食产量增长停滞不前，但肉、奶产量分别提高了78.3%、241%，其中秸秆饲用开发利用是一个重要因素。

（二）可以促进农业生产的良性循环，有明显的生态效益

几十年来，增施化肥成了支撑我国粮食增产的主要手段之一，但是也带来了使土壤板结、污染环境的严重问题。我国化肥利用率平均只有30%多一点，近70%流入江河、湖、海，造成水体富营养化，是沿海赤潮发生的主要原因。因而，近年来农业部门大力提倡秸秆直接还田，以增加农田肥力和有机质含量，提高土壤蓄水保肥能力。但是，秸秆直接还田作业成本高，还影响下茬作物出苗率，也不利于消灭农作物病虫害。秸秆大量用作饲料不仅可以增产畜产品，同时为农田提供大量有机肥，减少化肥用量，降低农业生产成本，还改良了土壤，促进农业良性循环，符合生态种植业发展趋势。秸秆饲用与沼气结合，实现秸秆—养

畜—沼气—肥料—还田，发展前景更为广阔。

（三）可以减轻环境污染

秸秆过去一直作为农民的燃料和建房的建材，浪费很少。而近几年农村的燃料和建材已被煤、液化气和砖瓦、水泥代替。如果大量秸秆通过燃烧处理，不仅污染空气，危害人民健康，而且引发纺织工业产品合格率大幅下降、高速公路汽车追尾、飞机不能正常起降及引发火灾等事故。秸秆资源化利用势在必行，而大力推广秸秆养牛过腹还田，是秸秆饲料资源利用的有效方法。

（四）有利于改善人民的肉食结构

1978 年以前我国猪肉占肉类总产量的 94% 以上。改革开放以来，这种“单打一”的畜牧业结构虽有所改变，但猪肉仍占绝对优势。2007 年我国肉类结构中猪肉仍占大头，为 62.4%、牛肉 9.08%、羊肉 5.53%。与世界平均水平相比，中国猪肉比例明显高于世界平均水平，羊肉接近世界水平，牛肉则大大低于世界平均水平，更低于欧美国家。发展秸秆养肉牛，大力增加牛肉生产，不仅可使城乡居民肉食更加丰富，而且也更加平衡。

（五）有助于广大农民脱贫致富向小康过渡

经过多年研究和探索，秸秆的氨化、青贮、微贮三项处理技术基本成熟，在生产中应用于养牛，可作为农民增收的可靠途径。据测算，种一亩小麦净收益平均只有 150 元左右，养一头良种肉牛收益 500～1 500 元，相当于 3～10 亩小麦的收益，养牛不失为一种可靠的致富之路。因为饲草（秸秆）是现成的，棉籽饼、糠麸等是自家的，养一两头牛只要有“半劳力”即可。因此，群众流传“养上两头牛，花钱不用愁；养上三头牛，一年一层楼”的说法。

第二章

肉牛品种与选择

一、国外肉用及兼用牛品种

全世界有60多个专门化的肉牛品种，近30年来我国至少引进了13个国外肉牛品种，主要有安格斯牛、利木赞牛、夏洛莱牛、德国黄牛、婆罗门牛、皮埃蒙特牛、海福特牛、短角牛、南德温牛、黑毛和牛、莫累灰牛等。

（一）利木赞牛

1. 原产地及分布 利木赞牛原产于法国中部的利木赞高原，并因此得名。在法国，其主要分布在中部和南部的广大地区，数量仅次于夏洛莱牛，育成后于20世纪70年代初，输入欧美各国，现在世界上许多国家都有该牛分布，属于专门化的大型肉牛品种。

2. 外貌特征 牛毛色为红色或黄色，口、鼻、眼周围、四肢内侧及尾帚毛色较浅，角为白色，蹄为红褐色。头较短小，额宽，胸部宽深，体躯较长，后躯肌肉丰满，四肢粗短。平均成年体重公牛1 100千克、母牛600千克；在法国较好饲养条件下，公牛活重可达1 200～1 500千克，母牛达600～800千克（图2-1、表2-1）。

图 2–1　利木赞牛

表 2–1　利木赞牛 1 岁内活重（单位：千克）

性　别	头　数	初生重	3 月龄重	6 月龄重	1 岁体重
公	2 981	38.9	131	227	407
母	3 042	36.6	121	200	300

3. 生产性能　利木赞牛产肉性能高，胴体质量好，眼肌面积大，前、后肢肌肉丰满，出肉率高，在肉牛市场上很有竞争力。集约饲养条件下，犊牛断奶后生长很快，10 月龄体重即达 408 千克，周岁时体重可达480千克左右，哺乳期平均日增重为0.86～1千克；因该牛在幼龄期，8 月龄小牛就可生产出具有大理石状花纹的牛肉。因此，是法国等一些欧洲国家生产牛肉的主要品种。

4. 与我国黄牛杂交效果　1974 年和 1993 年，我国数次从法国引入利木赞牛，在河南、山东、内蒙古等地改良当地黄牛。利杂牛体型改善，肉用特征明显，生长强度增大，杂种优势明显。目前，黑龙江、山东、安徽为主要供种区，现有改良牛约 45 万头。

（二）夏洛莱牛

1. 原产地及分布　夏洛莱牛原产于法国中西部到东南部的

夏洛莱省和涅夫勒地区，是举世闻名的大型肉牛品种，自育成以来就以其生长快、肉量多、体型大、耐粗放而受到国际市场的广泛欢迎，早已输往世界许多国家，参与新型肉牛的育成、杂交繁育，或在引入国进行纯种繁殖。

2. 外貌特征 该牛最显著的特点是被毛为白色或乳白色，皮肤常有色斑；全身肌肉特别发达；骨骼结实，四肢强壮。夏洛莱牛头小而宽，角圆而较长，并向前方伸展，角质蜡黄、颈粗短，胸宽深，肋骨方圆，背宽肉厚，体躯呈圆筒状，肌肉丰满，后臀肌肉很发达，并向后和侧面突出。成年活重，公牛平均为1 100～1 200千克，母牛 700～800 千克（图 2–2）。其平均体尺、体重资料如表 2–2 所示。

图 2–2 夏洛莱牛

表 2–2 夏洛莱牛的体尺和活重（单位：厘米，千克）

性 别	体 高	体 长	胸 围	管 围	活 重	初生重
公	142	180	244	26.5	1 140	45
母	132	160	203	21.0	735	42

3. 生产性能 夏洛莱牛在生产性能方面表现出的最显著特点是生长速度快，瘦肉产量高。在良好的饲养条件下，6 月龄公犊可达 250 千克，母犊 210 千克。日增重可达 1400 克。在加拿大，良好饲养条件下公牛周岁可达511 千克。该牛作为专门化大型肉用牛，

产肉性能好，屠宰率为60%～70%，胴体瘦肉率为80%～85%。16月龄的育肥母牛胴体重达418千克，屠宰率66.3%。夏洛莱母牛泌乳量较高，1个泌乳期可产奶2000千克，乳脂率为4%～4.7%，但该牛纯种繁殖时难产率较高（约13.7%）。

4. 与我国黄牛杂交效果　我国在1964年和1974年，先后两次直接由法国引进夏洛莱牛，分布在东北、西北和南方部分地区，用该品种与我国本地牛杂交来改良黄牛，取得了明显效果。表现为夏杂后代体格明显加大，增长速度加快，杂种优势明显。

（三）安格斯牛

1. 原产地　原产于英国苏格兰北部的阿拉丁和安格斯地区，为古老的小型黑色肉牛品种，近几十年来，美国、加拿大等一些国家育成了红色安格斯牛。

2. 体型外貌　安格斯牛无角，头小额宽，头部清秀，体躯宽深，呈圆筒状，背腰宽平，四肢短，后躯发达，肌肉丰满；被毛为黑色，光泽性好（图2–3）。

图2–3　安格斯牛

3. 生产性能　成年体重公牛700～900千克，体高约130厘米；母牛体重500～600千克，体高约119厘米。屠宰率60%～70%。该品种具有早熟，耐粗饲，放牧性能好，性情温顺

的特点；难产率低，耐寒，适应性强。肉牛中胴体品质最好，是理想的母系品种。但母牛稍具神经质。

（四）西门塔尔牛

1. 原产地 西门塔尔牛原产于瑞士西部的阿尔卑斯山区，主要产地为西门塔尔平原和萨能平原。在法、德、奥等国边邻地区也有分布。西门塔尔牛占瑞士全国牛只的50%、奥地利占63%、西德占39%，现已分布到很多国家，成为世界上分布最广，数量最多的乳、肉、役兼用品种之一，是世界著名的兼用牛品种。

2. 体型外貌 该牛毛色为黄白花或淡红白花，头、胸、腹下、四肢及尾帚多为白色，皮肤为粉红色。体型大，骨骼粗壮结实，体躯长，呈圆筒状，肌肉丰满。头较长，面宽；角较细而向外上方弯曲，尖端稍向上。颈长中等；前躯发育良好，胸深，背腰长平宽直，尻部长宽而平直。乳房发育中等，泌乳力强（图2–4）。

图2–4 西门塔尔牛

3. 生产性能 西门塔尔牛乳、肉用性能均较好，平均产奶量为4 070千克，乳脂率3.9%。在欧洲良种登记牛中，年产奶4 540千克者约占20%。该牛生长速度较快，平均日增重可达1千克以上，生长速度与其他大型肉用品种相近。胴体肉多，脂肪少而分布均匀，公牛育肥后屠宰率可达65%左右。成年母牛

难产率低，适应性强，耐粗放管理。总之，该牛是兼具奶牛和肉牛特点的典型品种。成年体重公牛 1 000～1 300 千克，母牛 650～750 千克。适应性好，耐粗饲，性情温顺，适于放牧。

4. 与我国黄牛杂交的效果　我国自 20 世纪初就开始引入西门塔尔牛，到 1981 年我国已有纯种 3 000 余头，杂交种 50 余万头。西门塔尔牛改良各地的黄牛，都取得了比较理想的效果。据河南省报道，西杂一代牛的初生重为 33 千克，本地牛仅为 23 千克；平均日增重，杂种牛 6 月龄为 608.09 克，18 月龄为 519.9 克，本地牛相应为 368.85 克和 343.24 克；6 月龄和 18 月龄体重，杂种牛分别为 144.28 千克和 317.38 千克，而本地牛相应为 90.13 千克和 210.75 千克。在产奶性能上，从全国商品牛基地县的统计资料来看，207 天的泌乳量，西杂一代为 1 818 千克，西杂二代为 2 121.5 千克，西杂三代为 2 230.5 千克。

（五）日本和牛

1. 原产地　日本和牛为原产于日本的土种牛。1912 年日本对和牛进行了有计划的杂交工作。并在 1944 年正式命名为黑色和牛、褐色和牛和无角和牛，作为日本国的培育品种。

2. 体型外貌　体型小，体躯紧凑，腿细，前躯发育好，后躯差，一般和牛分为褐色和牛和黑色和牛两种。但以黑色为主毛色，在乳房和腹壁有白斑。也有条纹及花斑的杂色牛只。母牛体高为 115～118 厘米（图 2–5）。

图 2–5　日本和牛

3. 生产性能 平均成年体重母牛620千克，公牛约950千克，27月龄犊牛经育肥，体重达700千克以上，平均日增重1.2千克以上。日本和牛是当今世界公认的品质最优秀的良种肉牛，其肉大理石状花纹明显，又称“雪花肉”。由于日本和牛的肉多汁细嫩、肌肉脂肪中饱和脂肪酸含量很低，风味独特，肉用价值极高，在日本被视为“国宝”，在西欧市场也极其昂贵。褐色和牛在育肥360天、20月龄时，体重566千克，胴体重356千克，屠宰率达62.9%；26月龄屠宰，育肥514天，体重624千克，胴体重403千克，屠宰率64.7%。和牛晚熟，母牛3岁、公牛4岁才进行初次配种。

二、我国培育的肉用及兼用牛品种

（一）夏 南 牛

1. 原产地 夏南牛原产于河南省南阳市。是以法国夏洛莱牛为父本，以我国地方良种南阳牛为母本，经导入杂交、横交固定和自群繁育三个阶段的开放式育种，培育而成的肉牛新品种。

2. 体型外貌 夏南牛体型外貌一致。毛色为黄色，以浅黄、米黄居多；公牛头方正，额平直，母牛头部清秀，额平稍长；公牛角呈锥状，水平向两侧延伸，母牛角细圆，致密光滑，稍向前倾；耳中等大小；颈粗壮、平直，肩峰不明显。成年牛结构匀称，体躯干呈长方形；胸深肋圆，背腰平直，尻部宽长，肉用特征明显；四肢粗壮，蹄质坚实，尾细长；母牛乳房发育良好。成年公牛体高142.5厘米，体重850千克；成年母牛体高135.5厘米，体重600千克右（图2–6）。

图2-6　夏 南 牛

3. 生产性能　夏南牛体质健壮，性情温顺，适应性强，耐粗饲，采食速度快，易育肥；抗逆力强，耐寒冷，耐热性稍差；遗传性能稳定。夏南牛繁育性能良好。平均母牛初情期平均432天，初配时间平均490天，初生重公犊38.52千克、母犊初生重37.90千克。在农户饲养条件下，公、母犊牛6月龄平均体重分别为197.35千克和196.5千克，平均日增重为0.88千克；周岁平均体重公、母牛分别为299.01千克和292.4千克，体重350千克的架子公牛经强化育肥90天，平均体重达559.53千克，平均日增重可达1.85千克。据屠宰试验，17～19月龄的未育肥公牛屠宰率60.13%，净肉率48.84%。

（二）延 黄 牛

1. 原产地　原产于吉林延边。“延黄牛”是以利木赞牛为父本，延边黄牛为母体，从1979年开始，经过杂交、正反回交和横交固定3个阶段，形成的含75%延边黄牛、25%利木赞牛血缘的稳定群体。

2. 体型外貌　延黄牛体质结实，骨骼坚实，体躯较长，颈肩结合良好，背腰平直，胸部宽深，后躯宽长而平，四肢端正，骨骼圆润，肌肉丰满，整体结构匀称，全身被毛为黄色或浅红色，长而密，皮厚而有弹力。公牛头短，额宽而平，角粗壮，多向后方伸展，呈一字形或倒八字角，公牛睾丸发育良好；母牛

头清秀适中，角细而长，多为龙门角，母牛乳房发育良好（图2–7）。

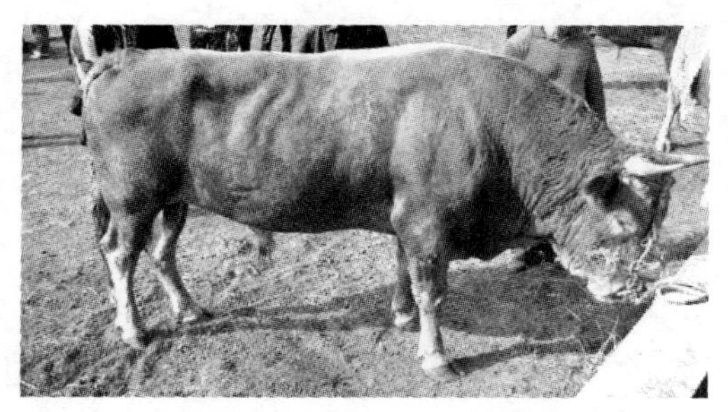

图 2–7 延黄牛

3. 生产性能 延黄牛具有耐寒、耐粗饲、抗病力强的特性，是我国宝贵的耐寒黄牛品种，具有性情温顺、适应性强、生长速度快等特点，遗传性稳定。成年体重公、母牛分别为 1 056.6 千克和 625.5 千克；体高分别为 156.2 厘米和 136.3 厘米。母牛的初情期为 9 月龄，性成熟期母牛平均为 13 月龄，公牛平均为 14 月龄。发情周期平均为 20～21 天，发情持续时间平均为 20 小时，平均妊娠期为 285 天。犊牛平均初生体重，公犊为 30.9 千克，母犊为 28.9 千克。

延黄牛为 30 月龄公牛经舍饲短期育肥，宰前活重 578.1 千克，胴体重 345.7 千克，屠宰率为 59.8%，净肉率为 49.3%，日增重为 1.22 千克，眼肌面积 98.6 平方厘米。肉质细嫩多汁、鲜美适口、营养丰富，肌肉脂肪中油酸含量约为 42.5%。

（三）云岭牛

1. 原产地 原产于云南，是利用婆罗门牛、莫累灰牛和云南黄牛 3 个品种杂交选育而成。

2. 体型外貌 以黄色、黑色为主；体型中等，头稍小，眼明有神；多数无角，耳稍大，横向舒张；颈中等长；公牛肩峰明显，颈垂、胸垂和腹垂较发达，体躯宽深，背腰平直，后躯和臀部发育丰满；母牛肩峰稍有隆起，胸垂明显，四肢较长，蹄质结实；尾细长（图 2–8）。

图 2–8 云 岭 牛

3. 生产性能 成年体高公牛 148.92 厘米、体重 813.08 千克，成年母牛体高 129.57 厘米、体重 517.4 千克。屠宰率为 59.56%，净肉率为 49.62%。云岭牛为热带牛品种，耐粗饲，具有早期增重快、脂肪沉积好的特点。

（四）中国西门塔尔牛

1. 原产地 我国自 20 世纪 40 年代从苏联、德国、法国、奥地利、瑞士等国引进西门塔尔牛，历经多年繁殖，改良当地牛，组建核心群进行长期选育而成。中国西门塔尔牛因培育地点的生态条件不同，分为平原、草原和山区 3 个类群。

2. 外貌特征 毛色为黄白花或红白花，但头、胸、腹下和尾帚多为白色。体型中等，蹄质坚实，乳房发育良好，耐粗饲，抗病力强。成年活重公牛平均 800～1 200 千克，母牛 600 千克左右（图 2–9）。

图 2–9　中国西门塔尔牛

3. 生产性能　据对 1 110 头核心群母牛统计，305 天产奶量达到 4 000 千克以上，乳脂率 4% 以上，其中 408 头育种核心群产奶量达到 5 200 千克以上，乳脂率 4% 以上。新疆呼图壁种牛场 118 头西门塔尔牛平均产奶量达到 6 300 千克，其中 900302 号母牛第二胎 305 天产奶量达到 11 740 千克。据 50 头育肥牛试验结果，18～22 月龄宰前活重 575.4 千克，屠宰率 60.9%，净肉率 49.5%，其中牛柳 5.2 千克，西冷 12.4 千克，眼肌 11 千克。

5 年的资料统计，中国西门塔尔牛平均配种受胎率 92%，情期受胎率 51.4%，产犊间隔 407 天。

三、我国的黄牛品种

（一）秦 川 牛

1. 原产地　秦川牛原产于陕西省关中地区，以渭南、临潼、蒲城、富平、咸阳、兴平、乾县、礼泉、泾阳、武功、扶风、岐山等县（市）为主产区。还分布于渭北高原地区。

2. 外貌特征　在体型外貌上，秦川牛属较大型役肉兼用品种。体格较高大，骨骼粗壮，肌肉丰满，体质强健。头部方正，肩长而斜。中部宽深，肋长而开张。背腰平直宽长，长短适中，结合良好。荐骨部稍隆起，后躯发育稍差。四肢粗壮结实，两前肢相距较宽，蹄叉紧。公牛头较大，颈短粗，垂皮发达，鬐甲高而宽；母牛头清秀，颈厚薄适中，鬐甲低而窄。角短而钝，多向外下方或向后稍弯。公牛角长 14.8 厘米，母牛角长 10 厘米。毛色为紫红、红、黄色 3 种。鼻镜肉红色约占 63.8%，亦有黑色、灰色和黑斑点的，约占 32.2%。角呈肉色，蹄壳为黑红色（图 2–10）。

图 2–10　秦 川 牛

3. 生产性能　在生产性能上经育肥的 18 月龄牛的平均屠宰率为 58.3%，净肉率为 50.5%。肉细嫩多汁，大理石状花纹明显。泌乳期为 7 个月，泌乳量 715.8 ± 261 千克。鲜奶成分为：乳脂率 4.7 ± 1.18%，乳蛋白率 4 ± 0.78%，乳糖率 6.55%，干物质率 16.05 ± 2.58%。公牛最大挽力为 475.9 ± 106.7 千克，占体重的 71.7%。在繁殖性能上，秦川母牛常年发情。在中等饲养水平下，初情期为 9.3 月龄。成年母牛发情周期 20.9 天，发情持续期平均 39.4 小时。妊娠期 285 天，产后第一次发情约 53 天。秦川公牛一般 12 月龄性成熟，2 岁左右开始配种。秦川牛是优秀的地方良种，是理想的杂交配套品种。

（二）鲁西黄牛

1. 原产地　主要产于山东省西南部的菏泽和济宁两地区，北自黄河，南至黄河故道，东至运河两岸的三角地带。分布于菏泽地区的郓城、鄄城、菏泽、巨野、梁山和济宁地区的嘉祥、金乡、济宁、汶上等县（市）。聊城、泰安以及山东的东北部也有分布。20 世纪 80 年代初有 40 万头，现已发展到 100 余万头。鲁西牛是我国中原四大牛种之一。以优质育肥性能著称于世。

2. 外貌特征 在体型外貌上，鲁西牛体躯结构匀称，细致紧凑，为役肉兼用。公牛多为平角或龙门角，母牛以龙门角为主。垂皮发达。公牛肩峰高而宽厚。胸深而宽，后躯发育差，尻部肌肉不够丰满，体躯明显地呈前高后低体型。母牛鬐甲低平，后躯发育较好，背腰短而平直，尻部稍倾斜。筋腱明显。前肢呈正肢势，后肢弯曲度小，飞节间距离小。蹄质致密但硬度较差。尾细而长，尾毛常扭成纺锤状。被毛从浅黄色至棕红色，以黄色为最多，一般前躯毛色较后躯深，公牛毛色较母牛的深。多数牛的眼圈、口轮、腹下和四肢内侧毛色浅淡。俗称“三粉特征”。鼻镜多为淡肉色，部分牛鼻镜有黑斑或黑点。角色蜡黄或琥珀色（图 2–11）。

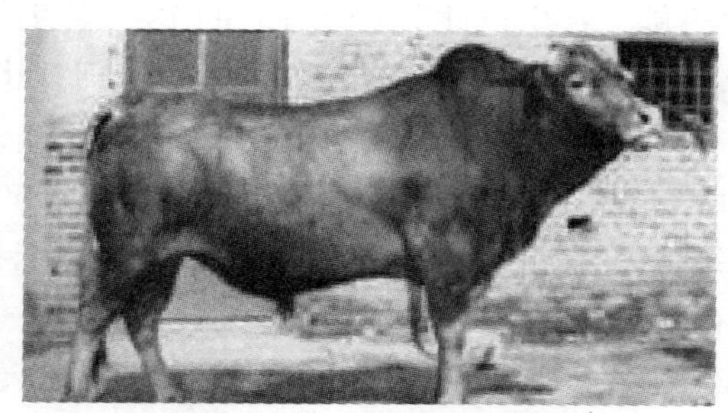

图 2–11 鲁西黄牛

3. 生产性能 据屠宰测定的结果，18 月龄阉牛平均屠宰率 57.2%。净肉率 49.0%，骨肉比 1∶6，脂肉比 1∶4.23，眼肌面积 89.1 平方厘米。成年牛平均屠宰率 58.1%，净肉率为 50.7%，骨肉比 1∶6.9，脂肉比 1∶37，眼肌面积 94.2 平方厘米。肌纤维细，肉质良好，脂肪分布均匀，大理石状花纹明显。母牛性成熟早，有的 8 月龄即能受胎。一般 10～12 月龄开始发情，发情周期平均 22 天，范围 16～35 天；发情持续期 2～3 天。妊娠期平均 285 天，范围 270～310 天。产后第一次发情平均为 35 天，范围 22～79 天。

（三）南 阳 牛

1. 原产地　南阳牛原产于河南省南阳市白河和唐河流域的平原地区，以南阳、唐河、邓州市、新野、镇平、社旗、方城等 8 个县（市）为主产区。许昌、周口、驻马店等地区分布也较多。南阳牛属较大型役肉兼用品种。

2. 外貌特征　体高大，肌肉较发达，结构紧凑，体质结实，皮薄毛细，鼻镜宽，口大方正。角形以萝卜角为主，公牛角基粗壮，母牛角细。鬐甲隆起，肩部宽厚。背腰平直，肋骨明显，荐尾略高，尾细长。四肢端正而较高，筋腱明显，蹄大坚实。公牛头部雄壮，额微凹，脸细长，颈短厚稍呈弓形，颈部皱褶多，前躯发达。母牛后躯发育良好。毛色有黄、红、草白 3 种，面部、腹下和四肢下部毛色浅。鼻镜多为肉红色，部分南阳牛是中国黄牛中体格最高的（图 2–12）。

图 2–12　南 阳 牛

3. 生产性能　经强度育肥的阉牛体重达 510 千克时，屠宰率达 64.5%，净肉率 56.8%，眼肌面积 95.3 平方厘米。肉质细嫩，颜色鲜红，大理石状花纹明显。在繁殖性能上，南阳牛较早熟，有的牛不到 1 岁即能受胎。母牛常年发情，在中等饲养水平下，初情期在 8～12 月龄。初配年龄一般掌握在 2 岁。发情周期 17～25 天，平均 21 天。发情持续期 1～3 天。妊娠期平均 289.8 天，范围为 250～308 天。怀公犊比怀母犊的妊娠期长 4.4 天。产后初次发情约需 77 天。

（四）晋南牛

1. 原产地 原产于山西晋南地区。晋南牛是经过长期不断地人工选育而形成的地方良种。

2. 外貌特征 晋南牛的毛色为枣红色或红色。皮柔韧，厚薄适中，体格高大，骨骼结实，体型结构匀称，头宽中等长。母牛较清秀，面平。公牛额短而宽，鼻镜宽，鼻孔大。眼中等大，角形为顺风扎角，公牛较短粗，角根蜡黄色，角尖为枣红色或淡青色。母牛颈短而平直，公牛粗而微弓，鬐甲宽圆，蹄圆厚而大，蹄壁为深红色。公牛睾丸发育良好，母牛乳房附着良好，发育匀称（图 2–13）。

图 2–13　晋 南 牛

3. 生产性能 晋南牛肌肉丰满，肉质细嫩，香味浓郁。成年牛在育肥条件下，平均日增重为 851 克（最高日增重可达 1.13 千克）。屠宰率为 55%～60%，净肉率为 45%～50%。成年母牛在

一般饲养条件下，1个泌乳期产奶800千克左右，乳脂率5%以上。

晋南牛母牛性成熟期为10～12月龄，初配年龄18～20月龄，繁殖年限12～15年，繁殖率80%～90%，犊牛初生重23.5～26.5千克。公牛12月龄性成熟，24月龄开始配种，使用年限为8～10年；射精量为4～5毫升/次，精子密度5亿个/毫升，原精液精子活力0.7以上。

晋南牛具有适应性强、耐粗饲、抗病力强、耐热等优点。

（五）延 边 牛

1. 原产地 延边牛原产于东北三省东部的狭长地区，分布于吉林省延边朝鲜族自治州的延吉、和龙、汪清、珲春及毗邻各县；黑龙江省的宁安、海林、东宁、林口、汤元、桦南、桦川、依兰、勃利、五常、尚志、延寿、通河，辽宁省宽甸县及沿鸭江一带，据1982年统计总计有21万头。延边牛是寒温带的优良品种，是东北地区优良地方牛种之一。

2. 外貌特征 在体型外貌上，延边牛属役肉兼用品种。胸部深宽，骨骼坚实，被毛长而密，皮厚而有弹力。公牛额宽，头方正，角基粗大，多向后方伸展，呈一字形或倒八字角，颈厚而隆起，肌肉发达。母牛头大小适中，角细而长，多为龙门角。毛色多呈浓淡不同的黄色，其中浓黄色占16.3%，黄色占74.8%，淡黄色占6.7%，其他占2.2%。鼻镜一般呈淡褐色，带有黑点（图2–14）。

图2–14 延 边 牛

3. 生产性能 在生产性能上，延边牛自 18 月龄育肥 6 个月，日增重为 813 克，胴体重 265.8 千克，屠宰率 57.7%，净肉率 47.23%，眼肌面积 75.8 平方厘米。在繁殖性能上，母牛初情期为 8～9 月龄，性成熟期平均为 13 月龄；公牛平均为 14 月龄。母牛发情周期平均为 20.5 天，发情持续期 12～36 小时，平均 20 小时。母牛常年发情，7～8 月份为旺季。常规初配时间为 20～24 月龄。延边牛耐寒，在 -26℃时牛才出现明显不安，但能保持正常食欲和反刍。延边牛体质结实，抗寒性能良好，适宜于林间放牧。

四、肉牛品种的选择

（一）养什么肉牛品种赚钱

要根据养牛的目的来定。

目的一：卖小牛或育肥牛：

在饲料条件有保障的情况下，那就要养殖长得快、体型大的牛种。不同的品种，增重速度不一样，供育肥的牛以专门肉牛品种最好。由于目前我国纯种专门肉用牛品种较少，因此首选品种应是肉用杂交改良牛，即用国外优良肉牛父本与我国黄牛杂交繁殖的后代。生产性能较好的杂交组合有：夏洛莱牛与本地牛杂交后代，短角牛与本地牛杂交改良后代，西门塔尔牛与本地牛杂交改良后代，利木赞牛改良后代等。其特点是体型大，增重快，性成熟早，肉质好。例如，西门塔尔、夏洛莱、利木赞的杂交后代。

目的二：育肥牛自己宰杀卖牛肉或开餐饮：

就要养殖肉品质好的牛，如安格斯、安格斯与地方黄牛的杂交后代，或和牛及和牛杂交牛，也可选择我国的优良黄牛品种如秦川牛、鲁西牛、南阳牛、晋南牛等，而不用回交牛和非优良的地方品种。国内优良品种的特点是体型较大，肉质好，但增重

速度慢，育肥期较长。用于生产高档优质牛肉的牛一般要求是阉牛。因为阉牛的胴体等级高于公牛，而阉牛又比母牛的生长速度快。这样的牛能通过饲养技术改善肉质，能养出跟别人不一样的牛肉，在自己的店里搞出特色来。

（二）引种和购牛

第一，引进种牛要严格执行《种畜禽管理条例》第 7、8、9 条，并按照 GB 16567 进行检疫。了解当地疫病流行情况和疫苗注射情况，便于以后的卫生防疫。

第二，办理以下各种证件：准运证、税收证据和防疫证、检疫证、非疫区证明、车辆消毒等兽医卫生健康证。

第三，合理分群编号对购买的架子牛按品种、年龄、体重、性别等进行分群编号，以便于管理。

第四，新引入种牛应在隔离圈内隔离饲养 2 个月才能与健康牛合群饲养。兽医及饲养人员进出隔离圈要及时消毒，隔离圈应位于牛场主风向的下方，与健康牛圈有一定的距离或有墙隔离，隔离圈内种牛应有专人饲喂，严禁隔离圈的设备用具及饲养员进入健康牛圈。新引入种牛隔离饲养期内采用免疫学方法，两次检疫结核病和布鲁氏菌病，结果全部阴性者，方能与健康牛合群饲养。

（三）杂交改良

杂交是指 2 个或 2 个以上的品种、品系或种间的公、母牛之间的相互交配，所生后代称为杂种。杂种较其双亲往往具有生命力强，生长迅速，饲料转化率高等特点，这就是我们常说的“杂种优势”，用肉用性能好、适应性强的品种，对肉用性能较差的品种进行杂交，以期提高杂种后代的产肉性能和饲养效率，就是黄牛的杂交改良。

1. 杂交改良的优点　目前，我国农村的黄牛仍占相当比重。

随农业机械化的发展，有相当部分的黄牛已经退出了役用，将逐步向肉用方向发展。我国黄牛具有耐粗饲、抗病力强、适应性好、遗传性稳定等优良特性，但也存在体型小、生产性能低等不足。对黄牛的改良重点是加大体型、体重，提高生产性能，逐步向肉乳或乳肉兼用方向发展。肉用牛杂交改良的目的就是为了提高牛的生产能力和提高养殖肉牛的经济效益。因目前我国没有专门肉用品种，要大量地引进外来肉用品种牛是不现实的，一方面是资金问题，另一方面是引进的肉用品种与我国的气候和饲料资源特点不相符。我国人多地少，粮食较紧张，因此合理地利用我国现有的肉用牛、肉役兼用牛、乳肉兼用牛和本地黄牛，用杂交改良的方法，生产优质杂交牛育肥，提高以增重速度和肉品质为主的肉用性能。一般来说，我国黄牛杂交改良后具有如下优点：

（1）**体型增大**　我国大部分黄牛体型偏小，并且后躯发育较差，不利于产肉。经过改良，杂种牛的体型一般比本地黄牛增大30%左右，体躯增长，胸部宽深，后躯较丰满，尻部宽平，后躯尖斜的缺点能基本得到改进。

（2）**生长快**　本地黄牛生长速度慢，经过杂交改良，其杂种后代作为肉用牛饲养，提高了生长速度。据山东省的资料，在饲养条件优越的平原地区，本地公牛周岁体重仅有200～250千克，而杂交后代（利木赞或西门塔尔杂种）的周岁体重可达到300～350千克，体重提高了40%～45%。

（3）**出肉率高**　经过育肥的杂交牛，屠宰率一般能达到55%，一些牛甚至接近60%，比黄牛提高了3%～8%，能多产肉10%～15%。苏联曾采用100多个品种进行杂交试验，也证明了品种间杂交使杂种牛生长快、屠宰率高，比原来的纯种牛可多产牛肉10%～15%。

（4）**经济效益好**　杂种牛生长快，出栏上市早，同样条件下杂种牛的出栏时间比本地牛几乎缩短了一半。另外，杂种牛成年体重大，能达到外贸出口标准；杂种牛高档牛肉产量高，从而使

经济效益提高。

2. 肉牛杂交改良　在肉牛生产及育肥中，常用的杂交改良方法主要有以下几种：

（1）经济杂交　也称简单杂交，就是用2个不同品种的公、母牛杂交，所生杂交一代牛全部用于育肥（图2–15）。在生产中常见的两品种杂交类型有2种。

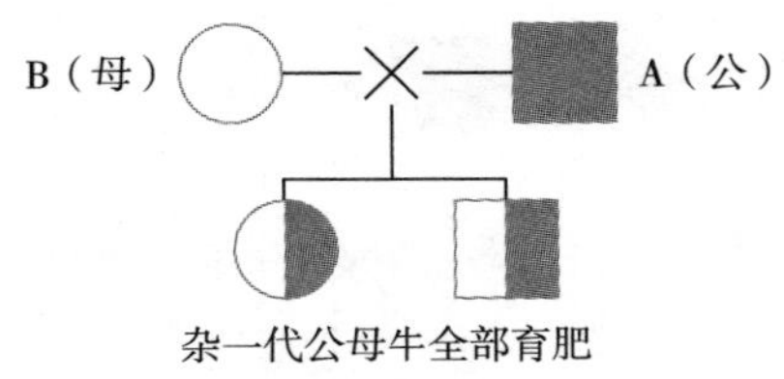

图2–15　经济杂交示意图

①肉用或兼用品种与本地黄牛杂交　如用夏洛莱或西门塔尔牛作为杂交父本。所生杂交一代生长快，成熟早，体重大，育肥性能好，适应性强，饲料利用能力强，对饲养管理条件要求较低。杂交公牛和不留作种用的杂交母牛皆可育肥利用。生产中广泛利用这种杂交方法，以提高经济效益。

②肉用品种与乳用品种杂交　这种杂交方式使乳用牛生产与肉用牛生产结合起来。可以选用低产奶牛与肉用公牛杂交，所生杂交后代，断奶后育肥，利用其杂交优势，提高生长速度、饲料报酬和牛肉品质；也可以对有一定数量的奶牛群，分期按比例地用肉乳兼用品种牛公牛配种，所生杂交后代，公牛用作育肥，母牛用作乳用后备牛，做到了乳肉并重。

（2）轮回杂交　是用2个或2个以上的品种公牛，先用其中1个品种的公牛与本地母牛杂交，其杂种后代的母牛再与另一品种的公牛交配，以后继续交替使用与杂种母牛无亲缘关系的2个品种的公牛交配（图2–16）。3个品种以上的轮回杂交模式相同（图2–17）。轮回杂交的优点是：一方面利用了各世代的优良杂

种母牛，并能在一定程度上保持和延续杂种优势。据研究，两个品种和三个品种轮回杂交，可分别使犊牛活重增加 15% 和 19%。轮回杂交比一般的经济杂交更经济，因为这种杂交方式只在开始时繁殖一个纯种母牛群，以后除配备几个品种少数公牛外，只养杂种母牛群即可。轮回杂交与一般经济杂交的不同点是，各轮回品种在每个世代中都保持一定的遗传比例。

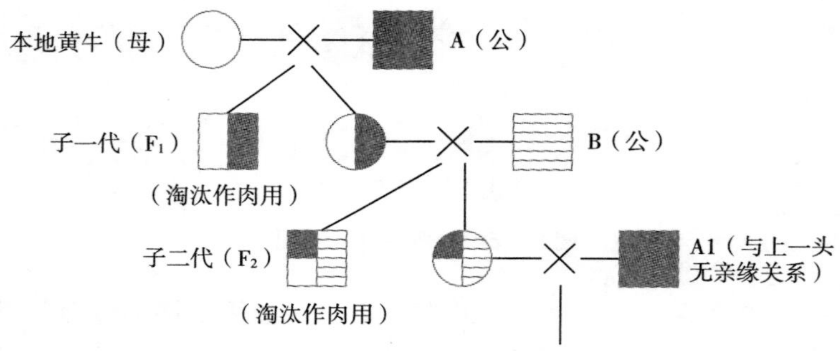

图 2-16　两品种轮回杂交示意图

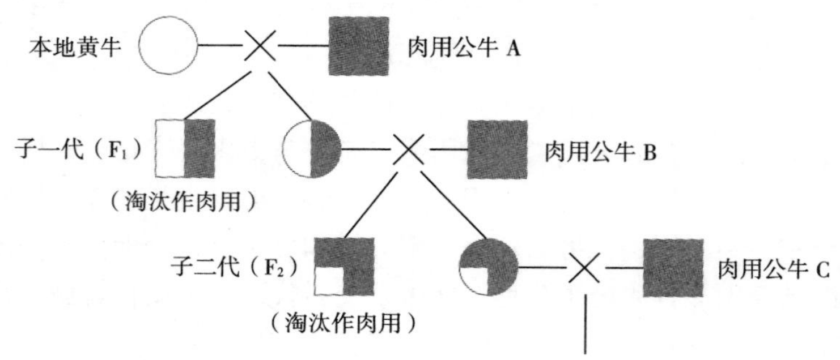

图 2-17　三品种轮回杂交示意图

（3）级进杂交　即利用同一优良品种的公牛与生产性能低的品种一代一代地交配。这是用高产品种改良低产品种最常用的方法，杂交一代可得到最大改良。级进杂交应当注意的问题：

第一，引入品种的选择，除了考虑生产性能高、能满足畜牧业发展需要外，还要特别注意其对当地气候、饲管条件的适应性。因为随着级进代数的提高，外来品种基因成分不断增加，适应性的问题会越来越突出。

第二，级进到几代好，没有固定的模式。总的来说，要克服代数越高越好的想法。随着杂交代数的增加，杂种优势逐代减弱，因此实践中不必追求过多代数，一般级进2～3代即可。过高代数还会使杂种后代的生活力、适应性下降。事实上，只要体型外貌、生产性能基本接近用来改造的品种就可以固定了。原有品种应当有一定比例的基因成分，这对适应性、抗病力和耐粗饲性有好处。

第三，级进杂交中，要注意饲养管理条件的改善和选种选配的加强。随着杂交代数增加，生产性能不断提高，一般要求饲养管理水平也有相应提高。

在黄牛向奶用方向改良的过程中，不少地方用级进杂交，已获得了许多成功的经验。级进杂交是提高本地黄牛生产力的一种最普遍、最有效的方法。

（4）"终端"公牛杂交体系　这种方式涉及3个品种，即用B品种公牛与A品种母牛交配，杂交一代母牛（BA）再用C品种公牛配种，所生杂二代（ABC）全部用于育肥。这种终止于第三个品种公牛的杂交方式就称"终端"公牛杂交方法，可使各品种的优点互补而获得较高的生产性能。其特点是：终端群不留种，其繁殖母牛靠前两群供给成年母牛；基础母牛群能专门向母性方向选种；可与两品种交叉杂交配套，世代间隔缩短，有利于加速改良进度；能得到最大限度的犊牛优势和67%的母牛优势。

（5）轮回—"终端"公牛杂交体系　这是轮回杂交和"终端"公牛杂交的结合，即在2个品种或3个品种轮回杂交的后代母牛中保留45%继续轮回杂交，作为更新母牛群之需；另55%的母牛用生长快、肉质好的品种公牛（"终端"公牛）配种，后

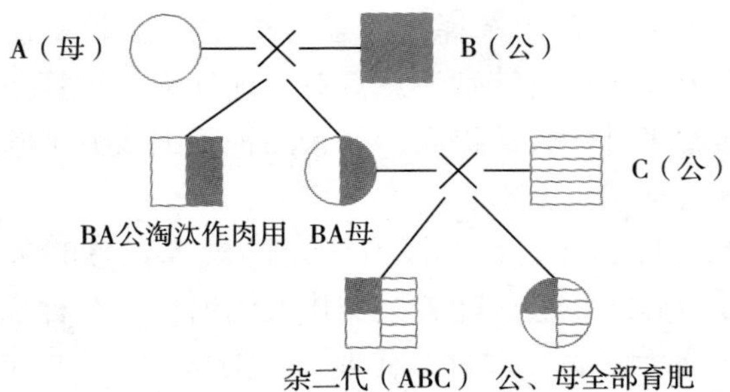

图 2–18 “终端”公牛杂交示意图

代用于育肥，以期达到减少饲料消耗、生产更多牛肉的效果。据试验，2 个品种和 3 个品种轮回的“终端”公牛杂交方法可分别使所生犊牛的平均体重增加 21% 和 24%。

（6）**育成杂交** 是用 2～3 个及以上的品种杂交来培育新品种的一种方法，可使亲本的优良性状结合在后代身上，产生原品种所没有的优良品质。在杂种牛符合育种目标时，就选择其中的优秀公、母牛进行自群繁育，横交固定而育成新品种。例如，我国的草原红牛，就是以短角牛级进杂交蒙古牛至 3 代，将理想的三代公、母牛横交，使其优良性能稳定而育成的。

第三章

肉牛的常用饲料与秸秆饲料的加工调制

一、肉牛的消化生理特点

（一）采　食

牛是草食性反刍动物，以植物为食物，主要采食植物的根、茎、叶和子实。牛无上门齿，舌是摄取食物的主要器官。牛的舌较长，运动灵活而坚强有力，舌面粗糙，能伸出口外，将草卷入口内。上颌齿龈和下颌门齿将草切断，或靠头部的牵引动作将草扯断。散落的饲料用舌舔取。因此，牛适宜在牧草较高的草地放牧，当草高度未超过10厘米时，牛难以吃饱，并会因“跑青”而大量消耗体力。

牛有竞食性，即在自由采食时互相抢食。利用牛的这一特性，群饲可增加对劣质饲料的采食量。但在放牧时，应避免因抢食、行走快造成的牧草践踏。

牛喜欢吃青绿饲料、精饲料和多汁饲料，其次是优质青干草、低水分青贮饲料，最不爱吃秸秆类粗饲料。同一类饲料中，牛爱吃1立方厘米左右的颗粒料，最不喜欢吃粉状料。因此，在以秸秆为主喂牛时，应将秸秆切短或粉碎，并拌入精饲料或打碎的块根、块茎类饲料饲喂，也可将其粉碎后压制成颗粒饲料饲喂。

牛爱吃新鲜饲料，不爱吃长时间拱食而黏附鼻唇镜黏液的饲料。因此，喂草料时应做到少添、勤添，下槽后清扫饲槽，把剩下的草料晾干后再喂。

整粒谷物不能顺利通过小牛瘤胃下端开口，但很容易通过大牛的瘤胃。牛在采食时不嚼碎谷物，而将它贮存在瘤胃内待反刍时才破碎。所以，可以用整粒谷物饲喂体重 100～150 千克以下的小牛。饲喂大牛时，则需对谷物进行加工，否则会有较多的谷物通过瘤胃并随粪便排出。加工方法最好是将谷物饲料蒸汽压片或稍加粉碎或简单地碾压。磨成细粉后喂牛，反而导致养分在消化过程中损失，还可能造成消化道疾病。圆形块根、块茎类饲料（如胡萝卜等），应切成小块或片再喂。

牛的舌上面长有许多尖端朝后的角质刺状凸出物，食物一旦被舌卷入口中就难以吐出。如果饲草饲料中混入铁钉、铁丝异物时，就会进到胃内，当牛反刍时胃壁会强烈收缩，挤压停留在网胃前部的尖锐异物而刺破胃壁，造成创伤性胃炎；有时还会刺伤心包，引起心包炎，甚至造成死亡。因此，给牛备料时应避免铁器及尖锐物混入草料中。

在自由采食情况下，牛全天采食时间为 6～7 小时。放牧牛比舍饲牛采食时间长。饲喂粗糙饲料，如长草或秸秆类，采食时间延长；而喂软嫩的饲料（如短草、鲜草），则采食时间短。放牧情况下，草高 30～45 厘米时采食速度最快。牛的采食还受气候变化的影响，气温低于 20℃时，自由采食时间约 2/3 分布在白天；气温为 27℃时，约 1/3 的采食时间分布在白天。天气晴朗时，白天采食时间比阴雨天多，阴雨天到来前夕，采食时间延长。天气过冷时，采食时间延长。放牧牛，在日出时和近黄昏有两个采食高峰。因此，夏季应以夜饲（牧）为主，延长上槽时间；冬季则宜舍饲。日粮质量较差时，应增加饲喂时间。放牧时应早出晚归，使牛多采食；清明节前后，先喂牛干草，吃半饱再放牧，以防止腹泻和臌胀病，经 10～15 天适应期后，就可直接出牧了。秋季，牧草逐渐变老，适口性差，牛不喜欢采食；进入霜期，待草上的霜化后才能放牧。

牛的采食量与体重密切相关。日采食干物质，2 月龄时为其体重的 3.2%～3.4%；6 月龄时为其体重的 3%；12 月龄牛体重为 250 千克时，日采食干物质约为其体重的 2.8%；到 500 千克体重时约为 2.3%。

牛对切短的干草比长草采食量大，对草粉采食量少。但把草粉制成颗粒饲料时，采食量可增加 50%。日粮中营养不平衡时，牛的采食量减少。在牛的日粮中增加精饲料比例，采食量会随之增加；用阉牛试验表明，精饲料量占日粮 50%以上时，干物质采食量不再增加；当精饲料量占日粮的 70%以上时，采食量随之下降。日粮中脂肪含量超过 6%时，日粮中粗纤维的消化率下降；超过 12%时，食欲受到限制。环境安静，群饲自由采食及适当延长采食时间等，均可增加牛的采食量；反之，采食量减少。饲草饲料的 pH 值过低，会降低牛的采食量。环境温度从 10℃逐渐降低时，可使牛对干物质的采食量增加 5%～10%；当环境温度上升超过 27℃时，牛的食欲下降，采食量减少。

（二）饮　水

先把上下唇合拢，中央留一小缝，伸入液体中，然后因下颌、上颌和舌的有规律的运动，使口腔内形成负压，液体便被吸入到口腔中。牛的饮水量较非反刍动物大，同时受多种因素影响。气温升高，需水量增加；泌乳牛需水量大，每产 1 千克奶需水 3～4 升；放牧饲养牛较舍饲牛需水多 50%。一般情况下，牛的需水量可按每千克干物质需水 3～5 升供给。生产中最好是自由饮水。冬天应饮温水（不宜低于 10℃），以促进采食、消化吸收，并减少体温散失，以利于增重。

（三）消化特点

1. 咀嚼 食物在口腔内经过咀嚼，被牙齿压碎、磨碎，然后吞咽。牛在采食时未经充分咀嚼（为 15～30 次）即行咽下，但经过一定时间后，瘤胃中食物重新回到口腔精细咀嚼。奶牛吃谷粒和青贮饲料时，平均每分钟咀嚼94次，吃干草时咀嚼78次，由此计算，奶牛一天内咀嚼的总次数（包括反刍时咀嚼次数）约为42 000次，可见牛在咀嚼上消耗大量的能量。因此，对饲料进行加工（切短、磨碎等），可以节省牛的能量消耗。

2. 复胃消化 牛有 4 个胃室。前 3 胃无胃腺，第四胃有胃腺，能分泌消化液，其作用与单胃相同。牛胃容积大，占整个消化道 70%左右。瘤胃中有大量细菌和纤毛虫，能消化和分解饲料中的纤维素。在所有动物中，反刍类动物对粗纤维的消化率最高（50%～90%），所以牛的日粮应以体积较大的青粗饲料为主。瘤胃微生物还能利用尿素等非蛋白氮化合物，合成微生物蛋白，为牛体提供营养。

3. 反刍 牛在采食时，饲料一般不经充分咀嚼，就匆匆吞咽进入瘤胃，在瘤胃中浸泡和软化。通常在休息时返回到口腔仔细地咀嚼，然后混入大量唾液，再吞咽入胃。这一过程称为反刍。饲喂后通常经过半小时到 1 小时才出现反刍。每一次反刍的持续时间为40～50分钟，然后间歇一段时间再开始第二次反刍。这样，1 昼夜进行 6～8 次反刍，犊牛的反刍次数则更多。牛每天总反刍时间平均为 7～8 小时。犊牛大约在出生后第三周出现反刍，这时犊牛开始选食草料，瘤胃内有微生物滋生。如果训练犊牛提早采食粗饲料，则反刍提前出现。

自由采食情况下，反刍时间均匀地分布在一天之中。白天放牧、舍饲或正在劳役的牛，则反刍主要分布在夜间。牛患病、劳累过度、饮水量不足、饲料品质不良、环境干扰等均能抑制反刍，导致疾病。

二、粗饲料和秸秆饲料及加工调制技术

凡天然含水量低于45%、干物质中粗纤维含量在18%以上的饲料称之为粗饲料。粗饲料主要指青绿饲料、干草、秸秆及秕壳以及用其制作的青贮等。糟渣类饲料常被称为副料，包括酒糟、粉渣、豆腐渣、玉米淀粉渣等。粗饲料的特点是体积大，食后有饱腹感，但营养价值低，在肉牛日粮中所占比重大，通常作为肉牛的基础饲料。

（一）青绿多汁饲料及加工调制技术

青绿多汁饲料是指天然含水量高于60%的饲料。主要包括天然牧草、栽培牧草、青饲作物、叶菜类作物、块根块茎类作物等。其主要特点是水分含量高，而养分浓度低；无氮浸出物含量高，而粗纤维含量低；蛋白质品质好，营养价值高；富含各种维生素，特别是胡萝卜素含量极为丰富；钙磷比例适当，且微量元素含量较高。总之，青绿饲料柔软多汁，营养丰富，适口性好，还具有轻泻、保健作用，是肉牛饲料的重要来源，也是一种营养相对平衡的饲料。

为了保证青绿饲料的营养价值，适时收割非常重要，一般禾本科牧草在孕穗期刈割，豆科牧草在初花期刈割。

铡短和切碎是青绿饲料最简单的加工方法，不仅便于牛咀嚼、吞咽，还能减少饲料的浪费。一般青饲料可以铡成3～5厘米长的短草，块根块茎类饲料以加工成小块或薄片为好，以免发生食管梗塞，还可缩短牛的采食时间。有的树叶含有单宁或其他气味，必须制成青贮饲料后再喂。水生饲料在饲喂时，要洗净并晾干表面的水分后再喂。叶菜类饲料中含有硝酸盐，在堆贮或蒸煮过程中被还原为亚硝酸盐，易引起牛中毒，故饲喂量不宜过多。幼嫩的高粱苗、亚麻叶等含有氰苷，在瘤胃中可生成氢氰酸，引起中毒，喂前需晾晒或青贮可预防中毒。幼嫩的牧草或苜蓿应少喂，以防瘤胃臌气病的发生。

（二）干草及加工调制

鲜草经过一定时间的晾晒或人工干燥，水分达到15%～18%及以下时，称之为干草。这些干草在干燥后仍保持一定的青绿颜色，因此也称青干草。青饲料调制成干草后，除维生素D有所增加外，其他营养物质均有不同程度的损失，但仍是肉牛最基本、最主要的饲料，特别是优质干草各种养分比较平衡，含有肉牛所必需的营养物质，是磷、钙、维生素D的重要来源。优质干草所含的蛋白质（7%～14%）高于禾本科子实饲料。

1. 适时收割　同一种牧草，在不同的时间收割，其品质具有很大差异。豆科牧草最适收割期应为现蕾盛期至始花期。而禾本科在抽穗—开花期刈割较为适宜。对于多年生牧草秋季最后1次刈割应在停止生长前30天为宜。

2. 调制方法

（1）自然干燥法　自然干燥法即完全依靠日光和风力的作用使牧草水分迅速降到17%左右的调制方法。这种方法简便、经济，但受天气的影响较大，营养物质损失相对于人工干燥来说也比较多。自然干燥又分以下3种形式。

①地面干燥　地面干燥是在牧草刈割后平铺地面就地干燥4～6小时，使其含水量降至40%～50%时，再堆成小草堆，高度30厘米左右，重量30～50千克，任其在小堆内逐渐风干。注意草堆要疏松，以利通风。此法又称小草堆干燥法。在牧区，或在便于机械化作业的草地上，牧草经4～6小时的平铺日晒后，可用搂草机搂成草垄，注意草垄要疏松，让牧草在草垄内自然风干。此法又称草垄干燥法。上述方法可使叶片碎裂较少，同时与阳光的接触面积较少，因而可有效降低干草调制过程中的养分损失。

②草架干燥法　用一些木棍、竹棍或金属材料等制成草架。牧草刈割后先平铺日晒 4～6 小时，至含水量 40～50% 时，将半干牧草搭在草架上，主要不要压紧，要蓬松。然后让牧草在草架自然干燥。与地面干燥法相比，草架干燥法干燥速度快，调制成的干草品质好。

（2）人工干燥法　与自然干燥法相比，人工干燥法营养物质损失少，色泽青绿，干草品质好，但设备投资较高。

①常温鼓风干燥法　为了保存营养价值高的叶片、花序、嫩枝，减少干燥后期阳光暴晒对维生素等的破坏，把刈割后的牧草在田间就地晒干至水分到 40%～50% 时，再放置于设有通风道的干草棚内，用鼓风机、电风扇等吹风装置，进行常温吹风干燥。采用此方法调制干草时只要不受雨淋、浸水等危害，就能获得品质优良的青干草。

②低温干燥法　此法采用加热的空气，将青草水分烘干，干燥温度如为 50～70℃，需 5～6 小时，如为 120～150℃，经 5～30 分钟完成干燥。未经切短的青草置于浅箱或传送带上，送入干燥室（炉）干燥。所用热源多为固体燃料，浅箱式干燥机每日生产干草 2 000～3 000 千克，传送带式干燥机每小时生产量 200～1 000 千克。

③高温快速干燥法　利用液体或煤气加热的高温气流，可将切碎成 2～3 厘米长的青草在数分钟甚至数秒钟内可使牧草含水量从 80%～90% 降到 10%～12%。此法多用于工厂化生产草粉、草块。虽然有的烘干机内热空气温度可达到 1 100℃，但牧草的温度一般不超过 30～35℃，青草中的养分可以保存 90%～95%，消化率，特别是蛋白质消化率并不降低。

3. 草捆加工

（1）打捆　打捆就是利用捡拾打捆机将干燥的散干草打成草捆的过程。其目的是便于运输和贮藏。在压捆时必须掌握好牧草的含水量。一般认为，在较潮湿地区适于打捆的牧草含水量为

30%～35%；干旱地区为25%～30%。

根据打捆机的种类不同，打成的草捆分为小方草捆、大方草捆和圆柱形草捆3种。

①小方草捆　小方草捆的切面从0.36米×0.43米到0.46米×0.61米，长度从0.5米到1.2米，重量从10千克到45千克不等，草捆密度为160～300千克/立方米。草捆常用两条麻绳或金属线捆扎，较大的捆用3条金属线捆扎。

②大方草捆　草捆大小为1.22米×1.22米×（2～2.8）米，重0.82～0.91吨，密度为240千克/立方米，草捆用6根粗塑料绳捆扎。大方形草捆需要用重型装卸机或铲车来装卸。

③大圆柱草捆　其规格为长1～1.7米，直径1～1.8米，重600～850千克，草捆的密度为110～250千克/立方米。圆柱形草捆的状态和容积使它很难达到与方草捆等同的一次装载量，因此，一般不宜作远距离运输。

（2）二次打捆　二次打捆是在远距离运输草捆时，为了减少草捆体积，降低运输成本，把初次打成的小方草捆压实压紧的过程。方法是把两个或两个以上的低密度（小方草捆）草捆压缩成一个高密度紧实草捆。高密度草捆的重量为40～50千克，草捆大小约为30厘米×40厘米×70厘米。二次压捆时要求干草捆的水分含量14%～17%，如果含水量过高，压缩后水分难以蒸发容易造成草捆的变质。大部分二次打捆机在完成压缩作业后，便直接给草捆打上纤维包装膜，至此一个完整的干草产品即制作完成，可直接贮存和销售了。

（三）秸秆饲料及加工调制技术

农作物收获子实后的茎秆、叶片等统称为秸秆。可以作饲料的农作物秸秆，主要有3种：一是禾本科作物的秸秆，如小麦秸、稻草（稻秸）、玉米秸、大麦秸、高粱秸、荞麦秸、燕麦秸、黍秸、谷草（粟秆）、甘蔗叶梢等，其优劣顺序为玉米秸、大麦

秸、高粱秸、荞麦秸、黍秸、谷草（粟秸），稻草、小麦秸。二是豆科作物的秸秆或藤蔓（荚壳），有黄豆秸、蚕豆秸、豌豆秸、花生藤（花生秧）等，其优劣顺序为花生秸、豌豆秸、蚕豆秸、大豆秸；此外，还有甘薯（地瓜）秧、马铃薯和瓜类的藤蔓等。秕壳为农作物子实脱离时分离出的夹皮、外皮等。

1. 秸秆饲料的特点

（1）粗纤维含量高　秸秆是作物成熟后收获子实后剩下的植株，包括茎和叶。植物在整个生长过程中，蛋白质、脂肪、可溶性碳水化合物，都是通过茎和叶向子实集结。随着植物的生育期推进，植株逐渐老化，粗纤维含量增加，其含量占30%～45%。粗蛋白质、可溶性碳水化合物急剧下降，植物细胞壁木质化。秸秆饲料中含有相当数量的木质素和硅酸盐，这些物质不仅不能被家畜利用，相反，由于它们的存在而影响其他营养物质的消化，从而降低了整个饲料的营养价值。试验表明，饲料中木质素含量达到2%时，每千克有机物约含代谢能15.06兆焦；若木质素的含量提高到12%时，代谢能降低一半，为每千克有机物含7.53兆焦，由于秸秆中粗纤维和无氮浸出物含量高达80%以上，所以秸秆的营养价值主要取决于这些复杂碳水化合物的消化程度。

（2）蛋白质含量很少　各种秸秆，尤其是禾本科秸秆饲料中蛋白质含量均很少，为2%～8%。据试验，家畜如果全采食此种饲料，肠道吸收的氮有时低于其排出的代谢氮。光凭秸秆和禾本科子实喂幼龄家畜和高产动物是满足不了他们对蛋白质的要求的。

（3）粗灰分含量较高　秸秆中粗灰分含量一般均较高，如稻草的灰分含量可高达17%以上，这些粗灰分中硅酸盐占的比重很大，它对家畜没有营养价值，而且影响钙的吸收利用，容易引起钙的负平衡。秸秆中对动物有营养价值的钙、磷等元素含量甚少，所以在用秸秆饲喂家畜时，应注意钙、磷及其他矿物质的补充，如加磷酸氢钙及微量元素添加剂等。

（4）容积大，适口性差 秸秆比较粗硬，适口性差，所以家畜采食量有限。由于该类饲料重量轻、容积大、营养价值又低，在家畜消化道中占的容积大，家畜的营养需要不易满足。

由此可见，秸秆的特点限制家畜的利用，如果肉牛单独饲喂秸秆时，瘤胃中微生物生长繁殖受阻，影响饲料的发酵，不能给牛体提供必需的微生物蛋白质和挥发性脂肪酸，难以满足牛对能量和蛋白质的需要。该类粗饲料虽然营养价值很低，但是秸秆资源丰富，价格便宜，在我国广大农村又有用秸秆喂家畜的习惯。如果采取适当的补饲措施，并结合适当的加工处理，能提高肉牛对秸秆的消化利用率。

小麦秸、稻草和玉米秸是我国三大作物秸秆，其数量多，质量差。一般都放在田间或户外，常在雨淋日晒之下，很容易受潮霉坏。再加上自然环境、栽培条件以及作物品种的不同，其营养价值变化很大。

2. 秸秆饲料的种类

（1）玉米秸 玉米秸外皮光滑且质地坚硬，玉米秸粗蛋白质含量为 6% 左右；粗纤维为 25% 左右，反刍家畜对玉米秸粗纤维的消化率在 50%～65%。玉米秸青绿时，胡萝卜素含量较多，为 3～7 毫克 / 千克。生长期短的春播玉米秸比生长期长的春播玉米秸粗纤维少，易消化。叶片较茎秆营养价值高，且易消化，牛、羊较为喜食。同一株玉米秸的营养价值，上部比下部高，叶片较茎秆高。玉米穗苞叶和玉米芯营养价值很低。玉米梢的营养价值又稍优于玉米芯，与玉米苞叶营养价值相仿。青刈玉米的产量和品质与收获期有密切关系。

（2）麦秸 麦秸的营养价值因品种、生长期不同而有所不同。麦类秸秆难消化，粗纤维含量高（可达 40%），含能量低，粗蛋白质含量 3% 左右，消化率低，适口性差，是质量较差的粗饲料。小麦是我国仅次于水稻、玉米，产量占第三位的粮食作物，其秸秆的数量在麦类秸秆中也最多。从营养价值和粗蛋白质含量看，大麦秸比小麦秸好，春播小麦比秋播小麦好。荞麦秸家畜喜食，要控制喂量。在麦秸中，燕麦秸饲用价值最高。该类饲料不经处理，对牛没有多大营养价值。

（3）**稻草**　水稻是我国产量居第一位的粮食作物，因而稻草的利用尤其值得重视。牛、羊对稻草的消化率为 50% 左右。粗蛋白质含量为 2.6%～3.2%，粗纤维 21%～33%。稻草灰分含量较高，但钙、磷所占比例较小。磷含量在 0.02%～0.16%，低于反刍家畜生长和繁殖的需要（牛、羊对磷的需要约为日粮的 0.3%）。稻草中缺钙，因此在以稻草为主的日粮中应补充钙。

为了提高稻草的饲用价值，除了添加矿物质和能量饲料外，常对稻草做氨化、碱化处理，或添加尿素。氨化处理后稻草的含氮量可增加 1 倍。氮的消化率可提高 20% 左右。用氢氧化钠处理的稻草，对牛、羊的饲用价值也有较大的提高，其消化能可提高 15%～30%。

（4）**谷草**　粟的秸秆通称谷草，粟又称谷子，其脱粒后的副产物，是有价值的粗饲料，质地柔软厚实，营养丰富，其可消化粗蛋白质及可消化总养分均较麦秸、稻草为高。在禾谷类秸秆中，谷草的品质最好，与干草混饲效果更好。

（5）**豆秸**　指豆科秸秆。在豆科秸秆中，以花生秸、蚕豆秸、豌豆秸品质较好。由于大豆秸木质素含量高达 20%～23%，故消化率极低。但与禾本科秸秆相比，粗蛋白质含量和消化率较高。由于豆秸质地坚硬，应粉碎后饲喂，以保证充分利用。

（6）**秕壳**　子实脱离时分离出的夹皮和外皮等。营养价值略高于同一作物的秸秆，但稻壳和花生壳质量较差。

（7）**豆荚**　含粗蛋白质 5%～10%，无氮浸出物 42%～50%，适于喂牛。大豆皮（大豆加工中分离出的种皮），营养成分约为粗纤维 38%、粗蛋白质 12%、净能 7.49 兆焦 / 千克，几乎不含木质素，故消化率高，对于反刍家畜其营养价值相当于玉米等谷物。

（8）谷类皮壳 包括小麦壳、大麦壳、高粱壳、稻壳和谷壳等。营养价值低于豆荚。稻壳的营养价值最差。

（9）棉籽壳 含粗蛋白质为 4.0%～4.3%，粗纤维为 41%～50%，消化能 8.66 兆焦 / 千克，无氮浸出物 34%～43%。棉籽壳含棉酚，饲喂时要适量，以防棉酚中毒。

（10）甘蔗梢 是收获甘蔗时砍下的顶上 2～3 个嫩节和青绿色叶片的统称，为甘蔗的副产品，富含糖分和蛋白质，20 多种氨基酸、硫胺素、核黄素、维生素 B_6、烟酸、叶酸、泛酸等维生素的含量都很丰富。纤维幼嫩，味甜，牛喜吃，有促长、增膘、泌乳量持续增长及润肺止咳、保健等功效。亩产一般 1 吨左右，是南方甘蔗产区冬春枯草季节难能可贵的大宗且最优质的青绿饲料。

另外，甘薯、马铃薯、瓜类藤蔓类，是牛较好的秸秆饲料。

3. 提高秸秆饲料产量及营养价值技术

（1）选育籽粒和秸秆双优的作物品种 各类作物籽粒的产量和品质与秸秆的饲喂价值之间并无相关性。选种粮草兼用新品种，就会使籽粒产量高、质量好而秸秆饲喂价值也高。

（2）及时收割，趁早处理 比如，玉米籽粒成熟阶段，当含水量下降到 30% 时，籽粒的干物质即不再增加，此时秸秆的含水量在 60% 左右，最适于青贮，而籽粒含水量每下降 5%，叶中养分即相对丢失 50%。因此，如能掌握正确的收获期，可最大限度地保存秸秆的养分。

（3）合理的加工处理方法 计划用于喂牛的玉米秸收获以后，应先整整齐齐薄薄就地摊开晾晒 1 天，使表面水分和叶片基本干燥。然后再一一去土捆成小捆，找空闲处堆成中空的“人”字形的长垄，待基本干燥后再上垛。

为了预防尚未彻底干燥的玉米秸发热霉变，在上垛过程中一定要把草垛尽量垛得狭长一些，以利透气和干燥。收获及时，干燥科学，贮存得当的玉米秸，应是茎叶苍绿、无黑无霉、草

香浓郁，在营养方面也要远远高于黄透了的玉米秸、小麦秸等低质秸秆。

任何能提高纤维素、半纤维素的利用价值及破坏木质素结构的方法，均能提高秸秆作饲料的利用率。秸秆类饲料加工处理方法分 3 大类：物理方法、化学方法和生物方法。

（4）**营养补充**　秸秆饲料既缺能又缺氮，各矿物质元素的量又不平衡，单独饲喂肉牛不能满足生长发育和生产的需要。在饲喂秸秆饲料的同时，要合理进行营养的补充和日粮搭配，才能起到更好的作用。

4. 加工处理技术

（1）**粉碎、铡短处理**　秸秆经铡短处理后，体积变小，便于采食和咀嚼，可增加采食量 20%～30%，并减少饲喂过程中的饲料浪费。由于切碎增加了秸秆与瘤胃微生物接触面积，利于微生物发酵，但由于在瘤胃中停留时间较短，养分未充分利用便进入真胃和小肠，使消化率有所下降。但采食量增加会弥补消化率略有下降的不足，使牛总可消化养分的摄入量增加，牛生产性能提高 20%，尤其在低精料饲养条件下，饲喂效果明显改进。

秸秆粉碎的目的是提高秸秆的消化率，但试验证明，粉碎虽能提高秸秆的采食量，但由于缩短了饲料在瘤胃的停留时间，常常会引起纤维物质消化率降低。用于肉牛的秸秆饲料不提倡全部粉碎，一方面是由于粉碎可增加饲养成本，另一方面粗饲料过细后不利于牛的咀嚼和反刍。因此，不提倡秸秆饲料粉碎后直接喂牛，可以作为颗粒成型处理或化学处理的前处理。如果直接喂牛，粉碎时放最粗的筛孔（或不放筛孔），越粗越好。

（2）**揉搓处理**　将秸秆直接切短后饲喂牲畜，虽然提高了秸秆的适口性和采食量，吃净率只有 70%，仍有较大程度的浪费。揉搓处理比铡短处理秸秆又进了一步，经揉搓的玉米秸成柔软的丝条状，增加适口性，对于牛，揉碎的玉米秸更是一种价廉的、适口性好的粗饲料，吃净率可达到 90% 以上。秸秆揉搓机的工作原理是将饲料送入料槽，在锤片及空气流的作用下，进入揉搓室，受到锤片、定刀、斜龄板及抛送叶片的综合作用，使饲料切短，揉搓成丝条状，进出料口送出机外。目前，揉搓机正在逐步取代铡草机。

（3）**汽爆技术** 汽爆，也称热喷，是20世纪90年代我国内蒙古畜牧科学院研制的秸秆加工新技术，后经江苏金泰高能饲草饲料公司改进，现已成为一项秸秆饲料加工的成熟技术。秸秆汽爆加工的原理是物料在密闭容器内经0.5～2.5兆帕的热压蒸汽作用1～30分钟后突然释放，使物料发生木质素熔化、纤维素分子断裂、纤维消化率提高的过程。气爆处理降低了纤维素的结晶度，减少了秸秆中半纤维素含量，增加了秸秆的孔隙度，使得瘤胃中纤维素酶对纤维素底物的可及性增加，从而提高纤维素的酶解转化率。

早期试验证实，用汽爆秸秆饲喂肉牛和奶牛，干物质消化率可以提高50%以上，采食量提高60%以上，在肉牛相同增重速度和奶牛相同产奶量情况下，气爆秸秆可以替代粮食50%以上。

（4）**秸秆颗粒化** 根据牛营养需要标准，将粉碎的秸秆与精料、干草混合制成颗粒，便于机械化饲养，减少饲料浪费。同时，制粒会影响日粮成分的消化行为。用秸秆颗粒混合料饲喂育肥牛比用同种散混料增重提高20%～25%。秸秆颗粒料在国外很多，随着饲料加工业和秸秆畜牧业的发展，秸秆颗粒饲料在我国也已得到发展，并将会逐渐普及。

（5）**秸秆的盐化处理** 将玉米秸、麦秸、高粱壳、玉米芯等粗饲料切短，喷洒适量的食盐水溶液，通过浸润、软化，提高其口味和适口性。这种盐化技术简便易行，成本低廉。

方法：按每100千克粗饲料加入0.5千克食盐，将食盐溶于20～30升水中，制成食盐溶液备用。在平整的地面上铺一层塑料薄膜或在水泥地上直接一层一层堆放切碎的粗饲料，边堆边喷洒食盐溶液，搅拌均匀。然后将拌好的粗饲料装入水泥池、缸、窖或塑料袋内。用塑料膜封盖缸口，用绳扎上塑料袋口密封处理。

粗饲料经盐化处理，夏天需 12～24 小时，冬天 24～36 小时（用温水最好）即可完成。

喂时若配合糠麸、酒糟等更好，牛采食量高。盐化粗饲料要随做随喂，不要长期存放，以免变质或影响适口性。

（6）**碱化处理**　秸秆含有 25%～50% 的粗纤维，粗纤维中又含有木质素，这些木质素与纤维素和半纤维素共同组成植物细胞壁与细胞间的镶嵌物质，不易被瘤胃中微生物的纤维素酶及胃肠道中的消化液所渗透，所以很难消化利用。碱类物质能使秸秆纤维物质内部的氢键结合变弱，使纤维分子膨胀，中和游离的糖醛酸，使纤维素与木质素间的结合力削弱，溶解半纤维素，有利于反刍动物前胃中微生物作用，从而提高秸秆的消化率。例如，小麦秸秆碱化处理后，粗纤维消化率能提高 22.8%。秸秆碱化后，质地柔软，气味糊香，适口性大大增强，消化率提高还能使碱化秸秆较快地通过消化道，这样牛采食量可提高 20%～30%，多吃就能快长。

碱化过程中，其中的蛋白质可能被溶解，维生素也会被破坏，所以只有低质秸秆，如麦秸、稻草才适宜碱化。豆秸等含蛋白质、胡萝卜素较多的秸秆不宜碱化。

①氢氧化钠处理　最初由贝克曼提出了一整套碱化秸秆方法"湿法"，并获专利。其方法是把秸秆放在 8 倍于其重量的 1.5% 氢氧化钠溶液中浸泡 1 昼夜，然后用大量的清水漂洗，除去余碱，可使秸秆的消化率提高 24%，并使净能浓度达到优质干草水平，这种方法因用水量大，费劳力，并且污染环境，因而没能普及。后来人们在此基础上加以改良，形成了不冲洗法和循环法。但也因费时费工，未能普及。后来有人提出"干法"，即将高浓度氢氧化钠溶液喷撒于秸秆，通过充分混合使碱溶液渗透于秸秆，喂前不需清洗，秸秆的消化率可提高 12%～15%。也可以集碱化、制粒为一体的工业化生产，这种方法适合批量生产，制粒后容易保存。干法处理秸秆的最大担心是残留于秸秆的余碱对动物的影

响，饮水和排尿增多，钠排出量加大，会造成环境污染。

②石灰处理　石灰乳碱化法：首先将45千克石灰溶于1吨水中，调成石灰乳，再把秸秆放入石灰乳中3～5分钟后捞出，放置24小时后即可饲用，用前不必用水清洗，石灰乳可使用2～3次，这种方法比较经济。

生石灰碱化法：每100千克秸秆加入3～6千克生石灰拌匀，加适量水使秸秆浸透，然后在潮湿状态下保持软化3～4昼夜，即可饲喂，经这种方法处理的秸秆，消化率可达到中等草水平。

用石灰处理秸秆虽然效果不如氢氧化钠处理得好，但石灰来源广、成本低、对环境无污染，但饲喂时应考虑日粮中钙磷平衡。另外，秸秆不宜久贮，易发霉。

（7）秸秆氨化处理　由于秸秆中含氮量低，秸秆氨化处理时与氨相遇，其有机物就与氨发生氨解反应，打断木质素与半纤维素的结合，破坏木质素—半纤维素—纤维素的复合结构，使纤维素与半纤维素被释放出来，被微生物及酶分解利用。用牛做试验表明，粗纤维消化率可提高21%。氨是一种碱，处理后使木质化纤维膨胀，增大孔隙度，提高渗透性。秸秆一般表面积和持水力都能提高2～3倍，消化酶更容易与之接触，有效地提高消化利用率。氨化处理使秸秆质地柔软，气味糊香，适口性大大增强，消化率提高使氨化秸秆较快通过消化道。这样，动物的采食量可提高30%以上，多吃才能快长。氨化能使秸秆含氮量增加1～1.5倍。反刍畜瘤胃中的微生物能利用这些非蛋白氮合成菌体蛋白，进入真胃和小肠后被牛体吸收转化成体蛋白，促进牛体生长。

①秸秆氨化处理方法　氨化方法有多种，其中使用液氨的堆贮法适于大批量生产；使用氨水和尿素的窖贮法适于中、小规模生产；使用尿素的小垛法、缸贮法、袋贮法适于农户少量制作。近年还出现了加热氨化池氨化法，氨化炉等。调制方法如下。

氨化原材料的准备：秸秆选用清洁未霉变的麦秸、玉米秸、稻草等，一般铡成1～2厘米长，揉搓机揉碎更好。液氨（无水氨）选用市售通用液氨，氨瓶或氨罐装运。氨水选用市售工业氨水，无毒、无杂质，含氮量15%～17%，用密闭的容器，如胶皮口袋、塑料桶、陶瓷罐等装运。尿素选用市售农用尿素，含氮量46%，塑料袋密封包装。

堆贮法：适用于液氨处理。

选择向阳、高燥、平坦、不受人畜危害的地方。先将6米×6米塑料薄膜铺在地面上，在上面垛秸秆。草垛底面积为5米×5米为宜，高度接近2.5米。把切碎的秸秆加水，使秸秆含水量达到30%左右。草码到0.5米高处，于垛上面分别平放直径10毫米，长4米的硬质塑料管2根，在塑料管前端2/3长的部位钻若干个2～3毫米小孔，以便充氨。后端露出草垛外面约0.5米长。通过胶管接上氨瓶，用铁丝缠紧。堆完草垛后，用10米×10米塑料薄膜盖严，四周留下0.5～0.7米宽的余头。在垛底部用一长杠将四周余下的塑料薄膜上下合在一起卷紧，以石头或土压住，但输氨管外露。最后按秸秆重量3%的比例向垛内缓慢输入液氨。输氨结束后，抽出塑料管，立即将余孔堵严。注氨密封处理后，需经常检查塑料薄膜，发现破孔立即用塑料粘胶剂粘补。

窖贮法：适用于尿素处理。

窖的建造与青贮窖相似，深不应超过2米。氨化时，先在窖内铺一块0.08～0.2毫米厚的塑料薄膜。将含水量10%～13%的铡短秸秆填入窖内，每填30～50厘米厚，均匀喷洒尿素溶液（浓度和用量为3～5千克尿素加水40～50升溶解，喷洒在100千克秸秆上）并踩实。窖装满后用塑料布盖好封严。

小垛法：适用于尿素处理，农户少量生产制作。

在家庭院内向阳处地面上，铺2.6平方米塑料薄膜，取3～5千克尿素，溶解在40～50升水中，将尿素溶液均匀喷洒在100千克秸秆上，堆好踏实。最后用13平方米塑料布盖好封严。小垛氨化以100千克一垛为好，占地少，易管理，塑料薄膜可连续

使用，投资少，简便易行。

缸贮法和袋贮法：操作与小垛法相似，最后装入缸或塑料袋中，密封越严越好。

除以上方法，在我国北方寒冷冬季可采用土办法建加温氨化池，对于规模化养殖场，可使用氨化炉。

②影响氨化秸秆质量的因素　氨化秸秆的品质好坏与氨的用量、氨化的时间和温度以及秸秆的含水量有关。研究表明，当氨的用量低于秸秆干物质的5%时，增加氨的用量与氨化秸秆消化率的提高呈正相关。对粗蛋白质含量的影响也大致如此。在一定范围内，氨化时间越长，效果越好。而氨化时间的长短要依据气温而定（表3–1）。气温越高，完成氨化所需的时间越短；相反，气温越低，氨化所需时间就越长。另外，氨化时要求秸秆的含水量为25%～35%，这样可以保证氨化效果良好。

表3–1　气温与秸秆氨化时间的关系

气温（℃）	＜5	5～10	10～20	20～30	＞30
氨化所需时间（天）	＞56	28～56	14～28	7～14	5～7

③氨化秸秆的质量鉴别与饲喂技术　品质良好的氨化秸秆，外观黄色或棕色。刚开垛时氨味浓郁，放氨后气味糊香。质地柔软，不霉烂，不变质。实验室做分析测定，含氮量提高1%～1.5%。品质低劣的氨化秸秆，外观灰色或灰白色，有刺鼻恶臭，霉烂变质，不能饲喂。

一般经2～5天自然通风将氨味全部放掉，呈糊香味时，才能饲喂，如暂时不喂可不必开封放氨。

开始喂时，应由少到多，少给勤添，先与谷草、青干草等搭配喂，1周后即可全部喂氨化秸秆。应与一些精饲料（玉米、麸皮、糟渣、饼类）合理搭配使用。

（8）秸秆“三化”复合处理技术　秸秆“三化”复合处理

技术，发挥了氨化、碱化和盐化的综合作用，弥补了氨化成本过高、碱化不易久贮、盐化效果欠佳单一处理的缺陷。经试验证明，"三化"处理的麦秸与未处理组相比各类纤维都有不同程度的降低，干物质瘤胃降解率提高22.4%。制作方法如下。

①容器的选择　可选用一般氨化窖、青贮窖（土窖、水泥窖均可）。也可用小垛法、塑料袋或水缸。

②秸秆的准备　清洁未霉变的麦秸、稻草、玉米秸和秕壳等多纤维的饲料，将其铡成2～3厘米长为宜。

③处理液的配制　将尿素、生石灰粉、食盐按比例放入水中，充分搅拌溶解，使之成为浑浊液。尿素、生石灰、食盐和水用量见表3-2。

表3-2　秸秆"三化"复合处理液的配制

秸秆种类	秸秆重量（千克）	尿素用量（千克）	生石灰用量（千克）	食盐用量（千克）	水用量（升）	贮料含水量（%）
干麦秸	100	2	3	1	45～55	35～40
干稻草	100	2	3	1	45～55	35～40
干玉米秸	100	2	3	1	40～50	35～40

④装窖　土窖应先在窖底和周围铺一层塑料薄膜。窖底铺入20厘米左右厚的秸秆，均匀喷洒"三化"处理液，拌匀压实，然后每铺20厘米厚的秸秆，均匀喷处理液，并拌匀压实。大型窖也可采用机械化作业，压实可用拖拉机，喷洒三化处理液可用小型离心泵。最后用塑料布封好边和顶部，越严越好（小垛法操作见氨化处理）。

⑤封窖　当秸秆分层压实直到高出窖口100～150厘米时，充分压实后，覆塑料薄膜并覆土20厘米左右厚密封。

（9）秸秆微贮技术　秸秆微贮饲料就是在农作物干秸秆中，加入水和微生物高效活性菌种——秸秆发酵活干菌，放入密封的

容器（如水泥池或土窖）中贮藏，经一定的发酵过程，使农作物秸秆变成具有酸香味，草食家畜喜食的饲料。秸秆饲料经过微贮后，使秸秆变软，具有酸香味，刺激动物的食欲，从而可增加采食量20%。另外，微贮秸秆成本低（与氨化相比），久存不坏，经济安全，消除了农村家家堆放秸秆容易引起火灾的安全隐患；并且作业季节长，北方除冬季外，其他季节均可制作微贮饲料。调制方法如下。

①窖的建造　微贮的建窖和青贮窖相似也可选用青贮窖。

②秸秆的准备　应选择无霉变的新鲜秸秆，麦秸铡成2～5厘米长，玉米秸最好铡短1厘米左右或粉碎（孔径2厘米筛片）。

③复活菌种并配制菌液　根据当天预计处理秸秆的重量，计算出所需菌剂的数量，在处理秸秆前将菌剂3克倒入2升水中，充分溶解，然后在常温下放置1～2小时使菌种复活，复活好的菌剂一定要当天用完。将复活好的菌剂倒入充分溶解的0.8%～1%食盐水中拌匀，食盐水及菌液量的计算方法见表3–3。菌液兑入盐水后，再用潜水泵循环，使其浓度一致，这时就可以喷洒了。配好的菌液不能过夜，当天一定要用完。

表3–3　菌液配制

秸秆种类	秸秆重量（千克）	秸秆发酵活干菌用量（克）	食盐用量（千克）	自来水用量（升）	贮料含水量（%）
稻麦秸秆	1000	3.0	9～12	1200～1400	60～70
黄玉米秸	1000	3.0	6～8	800～1000	60～70
青玉米秸	1000	1.5	—	适　量	60～70

④装窖　土窖应先在窖底和四周铺上一层塑料薄膜，在窖底先铺放20厘米厚的秸秆，均匀喷洒菌液，压实后再铺秸秆20厘米，再喷洒菌液压实。大型窖要采用机械化作业，压实用拖拉机，喷洒菌液可用潜水泵，一般扬程20～30米、流量每分钟

30～50升为宜。在操作中要随时检查贮料含水量是否均匀合适，层与层之间不要出现夹层。检查方法，取秸秆，用力握攥，指缝间有水但不滴下，水分为60%～70%最为理想，否则为过高或过低。在微贮麦秸和稻草时应加入3‰左右的玉米粉、麸皮或大麦粉以利于发酵初期菌种生长，提高微贮质量。加精料辅料时应铺一层秸秆，撒一层精料粉，再喷洒菌液。

⑤封窖　秸秆分层压实直到高出窖口100～150厘米，再充分压实后，在最上面一层均匀洒上食盐，再压实后盖上塑料薄膜。食盐的用量为每平方米250克，其目的是确保微贮饲料上部不发生霉烂变质。盖上塑料薄膜后，在上面铺上20～30厘米厚的稻草、麦秸，覆土15～20厘米，密封。密封的目的是为了隔绝空气与秸秆接触，保证微贮窖内呈厌氧状态。在窖边挖排水沟防止雨水积聚。窖内贮料下沉后应随时加土使之高出地面。

⑥秸秆微贮饲料的质量鉴定　优质微贮青玉米秸秆饲料的色泽呈橄榄绿，稻、麦秸秆呈金黄褐色。如果变成褐色或墨绿色则质量较差。优质秸秆微贮饲料具有醇香和果香气味，并具有弱酸味。若有强酸味，表明醋酸较多，这是由于水分过多和高温发酵所造成的。若有腐臭味、发霉味则不能饲喂。优质微贮饲料拿到手里感到很松散，质地柔软湿润。若拿到手里发黏，或者黏到一起，说明质量不佳。有的虽然松散，但干燥粗硬，也属不良的饲料。

⑦秸秆微贮饲料的取用与饲喂技术　根据气温情况秸秆微贮饲料，一般需在窖内贮藏21～45天才能取喂。

开窖时应从窖的一端开始，先去掉上边覆盖的部分土层、草层，然后揭开塑料薄膜，从上到下垂直逐段取用。每次取出量应以当天喂完为宜，坚持每天取料每层所取的料不应少于15厘米，每次取完后要用塑料薄膜将窖口密封，尽量避免与空气接触，以防止二次发酵和变质。饲喂时冻结的微贮应先化开后再用，由于

制作微贮中加入了食盐，应在饲喂时由日粮中扣除。

（四）青贮饲料及加工调制技术

青贮饲料是指在厌氧条件下经过乳酸菌发酵促使 pH 值下降而保存的青绿饲料，包括玉米青秸秆。其过程称为青贮。青贮饲料具有很多优点，一是青贮过程养分的损失低于用同样原料调制干草的损失。二是饲草经青贮后，可以很好地保持饲料青绿时期的鲜嫩汁液，质地柔软，并且具有酸甜清香味，从而提高了适口性。三是一些粗硬原料、带有异味的原料或含有单宁等抗营养因子的原料在青贮后可成为良好的肉牛饲料，从而可有效地利用饲料资源。四是青贮饲料可以长期贮存不变质，可以做到常年稳定供给，从而使肉牛终年保持高水平的营养状态和生产水平。

1. 青贮设施 我国生产中采用的青贮设施主要是青贮窖，近年裹包青贮发展很快；国外青贮塔也很普遍。

（1）青贮窖 根据其在地平线上下的位置可分为地下式青贮窖、半地下式和地上式青贮窖（图 3–1 至图 3–3），根据其形状又有圆形与长方形之分。长方形窖，内壁成倒梯形，窖四角做成圆形，便于青贮饲料下沉。土窖壁要光滑，如果利用时间长，最好用水泥抹面做成永久性窖。半地下窖内壁上下要垂直，窖底像锅底，先把地下部分挖好，再用湿黏土、土坯、砖、石等向上垒起 1 米高，地上部分窖壁厚不应小于 0.7 米，以防透气。一般在地下水位比较低的地方，可使用地下式青贮窖，而在地下水位比较高的地方易建造半地下式和地上式青贮窖。建窖时要保证窖底与地下水位至少距离 0.5 米（地下水位按历年最高水位为准），以防地下水渗透进青贮窖内，同时要用砖、石、水泥等原料将窖底、窖壁砌筑起来，以保证密封和提高青贮效果。半地下、地下形式可以减少建设投资，并方便青饲的收贮，但防雨效果差，使用运输爬坡费力。

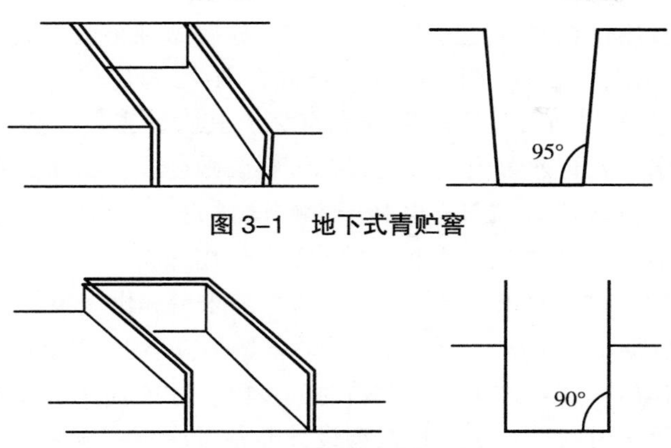

图 3–1　地下式青贮窖

图 3–2　半地下式青贮窖

图 3–3　地上式青贮窖

现代规模化肉牛场的青贮窖建筑，由于贮备数量大，提倡地上青贮窖建筑形式，不仅有利于排水，也有利于大型机械作业。建筑一般为长方形槽状，三面为墙体一面敞开，数个青贮窖连体，建筑结构既简单又耐用，并节省用地。青贮窖宽度根据每天青贮使用量、牵引式或自走式 TMR 设备行走转弯需要等设计，但是过宽的青贮窖在贮备时会影响封窖速度，进而影响青贮质量，饲养规模大的牛场，一般以 15～20 米宽为宜。地上青贮窖最好使用混凝土浇筑，墙体不必过高，一般不超过 3 米，青贮原料堆放时高度要求高于墙体，一般达到 3.5～4 米，覆盖塑料膜时形状如阴阳瓦状态，这样可以防止雨水流入。

不管用什么原料建造青贮设施，首先要做到窖壁不透气，这是保证调制优质青贮饲料的首要条件。因为一旦空气进入其内，必将导致青贮饲料品质的下降和霉坏。其次，窖壁要做到不透水，如水浸入青贮窖内，会使青贮饲料腐败变质。再次，窖壁要平滑、垂直或略有倾斜，以利于青贮饲料的下沉和压实。另外，青贮窖不可建得过大或过小，要与需求量相适应。

青贮窖建筑面积，要根据全年青贮需求量和供应条件来确定：一般收获期每年 1 次，青贮窖设计贮备量不应小于 13 个月，因为青贮制作后，要经过 1 个月左右时间发酵，才能使用。如有计划种植，每年可收获 2 季，青贮窖设计贮备量应不少于 8 个月。贮备青贮秸秆水分应控制在 70% 左右，压实的青贮每立方米容重见表 3–4，平均每头肉牛年贮备量为 5 吨左右。根据青贮贮备年度计划数量，设计青贮窖建筑面积和规格数量，青贮堆放高度一般为 3.5～4 米，因为青贮堆得高，可以减少青贮顶部霉变损失，但过高又不利于使用，有了堆放高度就可计算青贮窖建筑面积。

表 3–4　不同原料青贮后的容量

原料种类	容量（千克 / 米 ^{3}）
叶菜类、紫云英、甘薯块根等	800
甘薯藤	700～750
萝卜叶、芜菁叶、苦荬菜	600
牧草、野草	600
青贮玉米秸秆、向日葵秸秆	500～550
全株玉米青贮	750～800

青贮窖排水设计：地上青贮窖窖口地面要高于外面地面 10 厘米，以防止雨水向窖内倒灌；窖内从里向窖口做 0.5%～1% 坡度，便于窖内挤压液体排出，同时也起到防雨水倒流浸泡；地下

青贮窖窖口要有收水井，通过地下管道将收集的雨水等排出场区，防止窖内液体和雨水任意排放。如青贮窖体较长，收水井可设在青贮窖中央，然后由窖口和窖内端头向中央收水井放坡，坡度为0.5%～1%，中央的收水井通过地下管道连通，然后集中排出。

（2）**青贮塔**　青贮塔是用钢筋、水泥、砖砌成的永久性建筑物，一次性投资大，占地少，使用期长并且青贮饲料养分损失小，适用于大量青贮，便于机械化操作。青贮塔呈圆筒形，上部有锥形顶盖，防止雨水淋入。塔的大小视青贮用料量而定，一般内径3.5～6米，塔高10～14米。塔的四壁要根据塔的高度设2～4道钢筋混凝土圈梁，四壁墙厚度为36～24～18厘米，由下往上分段缩减，但内径必须平直，内壁用厚2厘米水泥抹光。塔一侧每隔2米高开一个0.6米×0.6米的窗口，装时关闭，取空时敞开，原料由顶部装入（图3–4）。

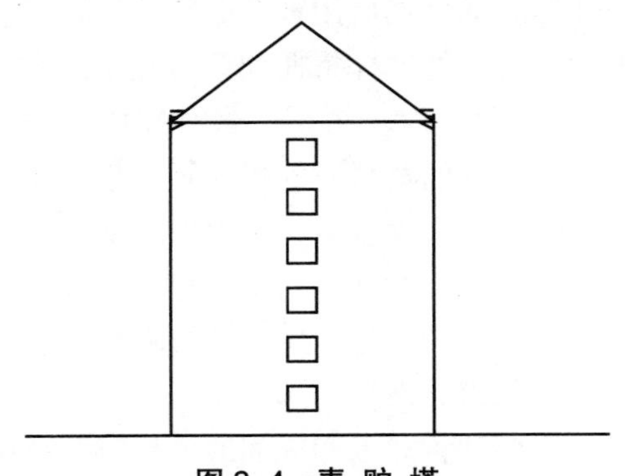

图3–4　青贮塔

（3）**地面堆贮**　这是最为简便的方法，选择干燥、平坦的地方，最好是水泥地面。四周用塑料薄膜盖严，也可以在四周垒上临时矮墙，铺一塑料薄膜后再填青料，一般堆高1.5～2米，宽1.5～2米，堆长3～5米。顶部用泥土或重物压紧。这种形式贮量较少，保存期短，适用于小型养殖规模。

（4）**塑料袋贮**　这种方法投资少，料多则多贮，料少则少

贮，比较灵活，是目前国内外正在推行的一种方法。必要的条件是要将青贮原料切得很短，喷入（或装入）塑料袋，排净空气并压紧后扎口即可。如无抽气机，应装填紧密，加重物压紧。小型青贮袋能容纳几百千克，大的长100多米，容纳量为数百吨。我国尚无这种大袋，但有长宽各1米、高2.5米的塑料袋，可装750～1 000千克玉米青贮。一个成品塑料袋能使用2年，在这期间内可反复使用多次。塑料袋的厚度最好在0.9毫米以上，袋边袋角要封粘牢固，袋内青贮沉积后，应重新扎紧，如果塑料袋是透明膜应遮光存放，并避开畜禽和锐利器具，以防塑料袋被咬破、划破等。

（5）拉伸膜青贮　包括两种类型的青贮，圆捆青贮和袋式青贮。“圆捆/袋式青贮”是指将收割好的新鲜牧草，玉米秸秆、稻草、甘蔗梢、甘薯藤、芦苇、苜蓿等各种青绿植物揉碎后，用捆包机高密度压实打捆，然后用青贮塑料拉伸膜裹包起来，造成一个最佳的发酵环境。经这样打捆和裹包起来的草捆，处于密封状态，在厌氧条件下，经3～6周，最终完成乳酸型自然发酵的生物化学过程。发酵后的草料，气味芳香，蛋白质含量和消化率明显提高，适口性好，采食量高，是理想的反刍动物粗饲料。

拉伸膜青贮有以下几个优点：①保存时间长，一般在露天保存3～5年；②制作青贮不受收割天气的影响，使用方便；③饲料浪费少，不会受踩踏的损失。

①圆捆青贮　圆捆青贮采用圆捆捆草机将草料压实，制成圆柱形草捆，然后采用裹包机，用青贮专用拉伸膜将草捆紧紧地裹包起来。大型圆捆，在含水量约50%时，每捆草重约500千克。小型圆捆，在含水量约50%时，每捆草重约40千克。

②袋式青贮　袋式青贮特别适合玉米秸秆、甘蔗梢、芦苇、高粱秸等。秸秆经切短后，采用袋式灌装机将秸秆/牧草高密度地装入塑料拉伸膜制成的专用青贮袋。秸秆的含水量可高达60%～65%。一只33米长的青贮袋可灌装180 000千克秸秆。每

小时可灌装 120 000～180 000 千克。

裹包青贮和袋式青贮技术是目前世界上最先进的青贮技术，已在美国、欧盟、日本等发达国家广泛应用。北京、上海、安徽、湖南、广东、河南、青海等省（市）都分别对稻草、玉米秸秆、甘薯藤、芦苇、甘蔗梢等进行了裹包青贮实验和应用，测试报告都证实了其效果。

2. 一般青贮饲料的调制

（1）调制青贮饲料应具备的基本条件

①要有足够的含糖量　试验证明，所有的禾本科饲草或秸秆、甘薯藤、菊芋、向日葵、芜菁和甘蓝、甘蔗梢等都适合做青贮，含糖量均能满足青贮的要求，可以单独进行青贮。但豆科牧草、马铃薯的茎叶等，其含糖量不能满足青贮的要求，因而不能单独青贮，若需青贮，可以与禾本科饲草混合青贮，也可以采用一些特种方法（半干青贮或添加剂）进行青贮。

②青贮原料的水分含量要适宜　水分含量过少的原料，在青贮时不容易踏实压紧，青贮窖内会残存大量的空气，从而造成好气性细菌大量繁殖，使青贮饲料发霉变质。而水分含量过高的原料，在青贮时会压得过于紧实，一方面会使大量的细胞汁液渗出细胞造成养分的损失，另一方面过高的水分会引起酪酸发酵，使青贮饲料的品质下降。因此，青贮时原料的含水量一定要适宜。青贮原料的适宜含水量随原料的种类和质地不同而异，一般以 60%～70% 为宜。

③切短、压实、密封，造成厌气环境　切短原料便于压实，并且会有部分汁液渗出，有利于乳酸菌的生长和繁殖；切短后在开窖饲喂时取用也比较方便，牛也容易采食。压实是为了排除青贮窖内的空气，减弱呼吸作用和腐败菌等好气性微生物的活动，从而提高青贮饲料的质量。密封的目的是保持青贮窖内的厌气环境，以利于乳酸菌的生长和繁殖。

当条件适宜时，青贮温度一般会保持在 30℃左右，这个温度条件有利于乳酸菌的生长与繁殖，保证青贮的质量。

（2）青贮饲料的制作方法

①青贮原料的准备　农区有大量的玉米收获后的鲜秸秆，适合做青贮；我国南方甘蔗的分布区域广、种植面积大、产量高，加工副产品鲜甘蔗叶梢含糖量高，易青贮，是肉牛良好的优质饲料。许多原料如香蕉茎叶等含有抗营养因子单宁等，不能直接饲喂，但可以通过青贮降低抗营养因子含量。几种常用青贮原料种类和适宜收割期见表 3–5。含水量超过 70% 时应将原料适当晾晒到含水 60%～70%，或适量添加干秸秆、干草等。

表 3–5　常用青贮原料适宜收割期

青贮原料种类	收割适期	含水量（%）
全株玉米（带果穗）	蜡熟期	65～75
收玉米后株秆	果粒成熟立即收割	60 左右
豆科牧草及野草	现蕾期至开花初期	70～80
禾本科牧草	孕穗至抽穗期	70～80
甘薯藤	霜前或收薯期 1～2 天	86
马铃薯茎叶	收薯前 1～2 天	80
三水饲料	霜　前	90
甘蔗梢	甘蔗收获后	50～60
香蕉茎叶	香蕉收获后	90 以上

全株玉米青贮由于单位土地面积为牛提供的营养物质最多，因此近几年国内外都大力提倡。确定青贮玉米刈割期最大的挑战是青贮玉米的水分含量或干物质含量，以及产量和品质、遗传和环境之间的互作关系。依据生育时期——蜡熟期收获，而且尽可能在蜡熟后期收获方能保证干物质含量在适宜水平。依据乳线位置——一般在籽粒乳线达到 1/2～2/3 时为最佳时间（图 3–5），此时干物质含量达 30%～35%的最佳时期，而且玉米粒中的淀

图 3-5　1/2 乳线期

粉沉积量较多。

②切碎　青贮原料要切碎，以便于压实和取用。切短的长度，细茎牧草以 7～8 厘米为宜，而玉米等较粗的作物秸秆最好 1～2 厘米。

③装填和压实

青贮窖青贮：如是土窖，四壁和底衬上塑料薄膜（永久性窖可不铺衬），然后先在窖底铺一层 10 厘米厚的干草，以便吸收青贮液汁，再把铡短的原料逐层装入压实，特别是容器的四壁要压紧，大型窖可用拖拉机进行碾压。在牛场的实际条件下，装满 1 窖常需 3～7 天，这会使空气渗入到青贮原料中，不但对表层青贮料有影响，还会在封窖后使更下层的青贮原料变质，糖被氧化，蛋白质降解。所以，应根据窖的大小、劳动力和机械装备等具体情况，尽量做到边装窖、边踩实，及时封窖，防止变质和雨淋。由于封窖数天后，青贮原料会下沉，因此最后 1 层应高出窖口 1 米左右。

青贮塔青贮：把铡短的原料迅速用机械送入塔内，利用其自然沉降将其压实。

地面堆贮：先按设计好的堆形用木板隔挡四周，地面铺 10 厘米厚的湿麦秸，然后将铡短的原料装入，并随时踏实。达到要求高度后，拆去围板。

塑料袋青贮：将铡短的原料及时装入塑料袋内，逐层压实，尤其注意四角要压紧。

④封顶　原料装填到高出窖口60～100厘米，并经充分压实之后，应立即密封和覆盖，其目的是隔绝空气继续与原料接触，并防止雨水进入。封顶一定要严实，绝对不能漏水透气，这是调制优质青贮饲料的一个非常重要的关键。封顶时，首先在原料的上面盖一层塑料薄膜，薄膜上面再压30～50厘米厚的土层，窖顶呈蘑菇状，以利于排水。或在原料上盖青贮专用黑白膜，上面再压一层轮胎。

⑤管理　封顶之后，青贮原料都要下沉，特别是封顶后第一周下沉最多。因此，在密封后要经常检查，一旦发现由于下沉造成顶部裂缝或凹陷，就要及时用土填平并密封，以保证青贮窖内处于无氧环境。

3. 半干贮饲料及加工调制　半干青贮是用含水量在45%～55%的饲草调制成的青贮饲料。其特点介于青干草和青贮饲料两者之间，优点为发酵品质良好、可消化营养物质含量高、肉牛对半干青贮饲料的干物质摄取量大、运输效率高、青贮原料不受含糖量高低影响等。

半干青贮的调制方法与普通青贮基本相同，区别在于原料收割后，需平铺在地面上，在田间晾晒1天左右，当水分含量达到45%～55%时才能装贮，禾草经晾晒后，茎叶失去鲜绿色，叶片卷成筒状，茎秆基部尚保持鲜绿状态；豆科牧草晾晒至叶片卷成筒状，叶片易折断，压迫茎秆能挤出水分，茎表面可用指甲刮下，这时的含水量约50%。并且贮藏过程和取用过程中要保证密封。其他制作方法如一般青贮技术。

目前，半干青贮也广泛应用于裹包青贮。其方法是将牧草刈割后晾晒，当含水量至45%～55%时用压捆机将其压成草捆，再密闭于塑料薄膜之中。这种青贮方法实现了机械化作业，提高了劳动效率，在青贮过程中养分损失得到有效遏制。

4. 青贮饲料添加剂　目前生产中常用的秸秆青贮饲料添加剂：

（1）微生物类　促进乳酸发酵的活菌制剂，能使青贮原料的pH值迅速降低，抑制有害微生物的活动，减少营养物质的消耗、分解和流失，降低有毒物质的产生，提高青贮饲料的质量。乳酸菌是目前应用最广泛的添加剂，主要有德氏乳酸杆菌、植物乳杆菌、嗜酸乳杆菌、棒状乳杆菌、乳酪乳杆菌等，此外还有乳链球菌、淀粉链球菌等等。如FP4青贮饲料添加剂是嗜乳酸杆菌、双歧杆菌等有益微生物合理配伍复合而成的生物活性制剂，可广泛用于制作青贮饲料、畜禽疾病防治等。另外，新疆生产的秸秆发酵活干菌也是很好的秸秆青贮饲料添加剂。

（2）非蛋白氮类　主要有氨水、尿素和磷酸脲等。氨水和尿素适用于青贮玉米、高粱和其他谷类作物，添加后可增加青贮饲料的蛋白质含量，抑制好氧微生物的生长，而对反刍动物的食欲和消化功能无不良影响。尿素的一般添加量为青贮原料的0.3%～0.5%。

磷酸脲是一种安全、优良的青贮饲料保藏剂。其分子式为$CO(NH_2)_2 \cdot H_3PO_4$，分子量为158.06。磷酸脲能增加青贮饲料的氮、磷含量，使青贮饲料的pH值迅速达到4.2左右，有效地保存青贮饲料养分，特别是胡萝卜素的含量。一般添加量为青贮原料的0.35%～0.4%。

5. 青贮饲料的开窖与取用

（1）开窖　一般青贮在制作45天后（温度适宜30天即可）即可开始取用。

对于圆形窖，因为窖口较小，开窖时可将窖顶上的覆盖物全部去掉，然后自表面一层一层地向下取用，使青贮饲料表面始终保持一个平面，切忌由一处挖窝掏取，而且每天取用的厚度要达到10厘米左右，高温季节最好要达到15厘米以上。

对于长方形窖，开窖取用时千万不要将整个窖顶全部打开，而是由一端打开70～100厘米的长度，然后由上至下平层取用，每天取用厚度与圆形窖要求相同，等取到窖底后再将窖顶打开70～100厘米的长度，如此反复即可。最好的办法是用青贮取料机从上到下，直切到窖底。切勿全面打开，防止暴晒、雨淋、结冰，严禁掏洞取料。每天取后及时覆盖塑料薄膜、草苫或席片，防止二次发酵。如果青贮制作符合要求，只要不启封窖，青贮饲料可保存多年不变质。

（2）二次发酵的防止　青贮饲料启窖后由于管理不当引起霉变而出现温度再次上升称为青贮的二次发酵。这是由于启窖后的青贮开始接触空气后，好气性细菌和霉菌开始大量繁殖所致，在夏季高温天气和品质优良的青贮饲料容易发生。

一般青贮在制作45天后（温度适宜30天即可）即可开始取用。要防止二次发酵，在取青贮料时要求在垂直切面启窖，长方形窖从背风的一头开窖，小窖可从顶部开窖。青贮饲料一经取用必须连续利用，每天用多少取多少，大型窖取料时，要用青贮剁刀或取料机，每次取料从上到下，直切到窖底，一次切齐。地面堆贮和小形窖也应尽量由一端取料。每天取出的料层至少在8厘米以上，最好15厘米以上，取用后用塑料薄膜覆盖压紧。一旦出现全窖二次发酵，如青贮饲料温度上升到45℃以上时，可在启封面上喷洒丙酸，并且完全密封青贮窖，制止其继续腐败。

（3）青贮饲料的饲用

①饲喂时注意事项　由少到多逐渐增加喂量，有的牛初喂时不适应，经短期训练，即可习惯采食。冰冻的青贮饲料不能直接饲喂，要先将它们置于室内，待融化后再进行饲喂，以免引起消化道疾病。霉变的青贮饲料不能饲喂，取出的青贮饲料要在当天喂完，不能放置过夜。青贮饲料必须要与其他饲料如精饲料、干草等按照肉牛的营养需要合理搭配进行饲喂。

②饲喂量　2 月龄以上牛开始饲喂，逐渐增加，5～6 月龄时每日每头 8 千克左右，育肥牛每日每头 15～20 千克。

6. 青贮饲料的质量鉴定　青贮饲料品质的评定有感官鉴定法、化学分析法和生物学法，生产中多用感官鉴定法。感官鉴定法包括观察青贮饲料的色泽、气味、质地等。感官鉴定标准见表 3–6。

表 3–6　青贮饲料感官评定标准

等　级	色	味	嗅	质　地
优　等	绿色或黄绿色	酸味浓	芳香味重舒适感	柔软稍湿润
中　等	黄褐色、墨绿色	酸中等，酒味	芳香味淡	软稍干或水分稍多
劣　等	黑色、褐色	酸味少	臭、腐败味或霉味	干松或黏结成块

化学评定法主要是测定青贮饲料的 pH 值和各种有机酸。一般优良的青贮饲料的 pH 值在 4.2 以下，超过 4.2 说明在青贮发酵过程中，腐败菌活动较为强烈。有机酸中的乳酸、醋酸和酪酸的含量是评定青贮品质的可靠指标，优质的青贮饲料中含较多的乳酸，少量的醋酸，不含酪酸。

（五）糟渣类饲料及贮藏与利用技术

1. 糟渣类饲料的种类　主要包括酒糟、酱油糟、醋糟、甜菜渣、淀粉渣、中草药渣、果渣等。各类糟渣营养物质含量各异，其中菌渣、啤酒酵母等可作为蛋白质饲料，酒糟、甜菜渣、淀粉渣等可作为能量饲料，纤维含量高的甜菜粕、甘蔗渣等可作为粗饲料，是廉价的饲料资源。

（1）酒糟　啤酒糟的质量好于白酒糟。白酒糟蛋白质含量为 16%～25%；啤酒糟蛋白质含量为 19%～30%。蛋白质含量相对比较高，能量不足；酒糟中磷的含量较高，但是钙的含量低，

还有水溶性维生素含量相对较高，但缺乏脂溶性维生素；矿物质和微量元素也不足。鲜糟饲喂效果优于干糟，干糟的营养价值与麦麸相似，可代替部分蛋白质饲料。

鲜糟饲喂注意事项：首先喂量要适度，繁殖母牛日喂量根据体重大小 4～7 千克为宜，育肥牛最高限量为 15 千克。大量饲喂易便秘，母牛会导致流产；其次一定要新鲜，酒糟保鲜时间短，高温时更易酸败产生有毒物质，喂牛可导致中毒甚或死亡。可采取窖贮方法进行保存，对贮存不当稍有发酸的啤酒槽，饲喂时每日每头添加 150～200 克碳酸氢钠，可中和酸度，在夏季酒糟应当日喂完，过夜不宜再喂。王之盛等证实，鲜酒糟窖贮中添加氯化铵可以提高酒糟的氮含量，并具有杀菌、抑菌作用，有助于防止开窖后二次发酵。氯化铵添加量为 0.3%，为了混合均匀和控制水平，可以制成氯化铵饱和溶液（40%），装窖时用喷雾器喷入。

（2）豆类淀粉渣　豆类淀粉渣是用豌豆、绿豆、蚕豆作原料生产的粉渣，其最大特点是干物质中粗蛋白质含量高，通常可达 30% 以上，质量较好，可以作为蛋白质的补充饲料。但是，高温季节豆类淀粉渣易腐败，饲喂后容易引起中毒，过多饲喂可引起瘤胃臌气、肠炎。因此，建议其喂量控制在 3～5 千克 / 日 · 头为宜，一般与青饲料、粗饲料搭配饲用。

（3）酱油渣　酱油渣是黄豆经米曲霉菌发酵后，浸提出发酵物中的可溶性氨基酸、低肽和成味物质后的渣粕。酱油渣营养价值较高，尤其是蛋白质含量丰富。折干物质的酱油渣的营养成分为，水分 12%，粗蛋白质 21.4%，脂肪 18.1%，粗纤维 23.9%，无氮浸出物 9.1%，矿物质 15.5%。酱油渣价格低廉，可用作肉牛饲料，但含盐量较高，一般含量为 6%～10%，因此不可多喂，以防食盐中毒。

2. 糟渣类饲料的贮藏与利用　由于糟渣含有较高的水分和无氮浸出物，容易腐败变质，不易运输保存，若不及时处理容易发霉变质，不但不能利用还会导致环境污染。

混合贮藏是糟渣类饲料的首选，即糟渣中加入干秸秆，水分控制在 65% 左右。水分可以用家用微波炉进行快速进行测定。

含水量较高的糟渣与秸秆进行混贮，每 100 千克糟渣需加秸秆量可按下式进行计算：

$$\text{需加干秸秆量} = \frac{\text{糟渣的含水量} - \text{理想含水量}}{\text{理想含水量} - \text{干秸秆的含水量}} \times 100$$

例如，含水量 90% 的糟渣与含水量 10% 的干玉米秸进行混贮，需要多少千克干玉米秸？可按上面公式进行计算：

$$\frac{90\%-65\%}{65\%-10\%} \times 100 \approx 46$$

即：混贮时每 100 千克含水量 90% 的糟渣应加入含水量 10% 的干玉米秸 46 千克。

我国淀粉渣产量大，但由于含水量在 90% 左右，非常不容易保存，由于营养丰富，非常容易腐败变质，污染环境。近年来笔者在黑龙江省分别用大豆秸秆、玉米秸与淀粉渣混贮，取得了令人满意的效果，贮藏结果都能达到一级优良。由于淀粉渣和秸秆基本属于同期收获，因此制作的关键之一是确定二者的混贮比例，必须准确测定（可以用恒温烘干箱也可以用微波炉）各自的含水量，然后按照上边公式即可算出二者比例。制作的关键之二就是和制作青贮一样逐层压实，最后封严。制作的关键之三就是二者最好混匀，可以使用 TMR 日粮车搅拌，也可以一层秸秆（最底层）一层淀粉渣再一层秸秆后进行压实，然后按照一层淀粉渣一层秸秆的顺序进行压实，淀粉渣多余的水分被秸秆吸收，起到共同贮存的目的。

三、精饲料及加工调制技术

谷物类、饼粕类、粮食加工的副产品（小麦麸、次粉、米糠等）都属精饲料。精饲料又根据蛋白质含量的不同，分为蛋白饲料和能量饲料。

（一）能量饲料

能量饲料是指干物质中粗纤维的含量低于18%、粗蛋白质含量低于20%的饲料。它包括谷实类饲料、粮食加工的副产品和其他高能饲料。

1. 谷实类饲料 谷实类饲料一般是禾本科植物成熟的种子。是能量饲料的主要来源，可占育肥牛日粮的40%～70%。常用的谷物类饲料有玉米、高粱、小麦、大麦和燕麦等。

（1）玉米 在谷实类饲料中玉米含的可利用能最高，在肉牛饲料中使用的比例最大。

玉米被称为“饲料之王”，其特点是可利用能量高，亚油酸含量较高。蛋白质含量低（8%左右）。黄玉米中叶黄素含量丰富，平均为22毫克/千克，营养价值高于白玉米，但白玉米饲喂肉牛能使肌间脂肪更白。钙、磷均少，且比例不合适，维生素含量也低，是一种养分不平衡的高能饲料。玉米用量可占肉牛混合料的60%左右。高油玉米，含油量比普通玉米高100%～140%，蛋白质和氨基酸、胡萝卜素等也高于普通玉米，饲喂牛效果好。

（2）高粱 能量仅次于玉米，蛋白质含量为11%左右，铁含量丰富。高粱在瘤胃中的降解率低，但因含有0.2%～0.5%的抗营养物质单宁，适口性差，并且喂牛易引起便秘并影响蛋白质、氨基酸以及能量的利用率，而且单宁和胰淀粉酶形成复合物，从而影响淀粉的消化率。一般不把高粱作为肉牛的主要饲料，用量一般不超过日粮的20%。与玉米配合使用效果增强，可提高饲料的利用率。

（3）小麦 当小麦的价格比玉米低时可用作饲料。与玉米相比，小麦能量较低，粗脂肪含量仅1.8%，但蛋白质含量较高，达到12%以上，必需氨基酸的含量也较高。所含B族维生素及维生素 E 较多，维生素 A、维生素 D、维生素 C、维生素 K 则较少。小麦的过瘤胃淀粉较玉米、高粱低，肉牛饲料中的用量以不超过 30% 为宜，小麦粒中粗纤维的含量很低，有效能值仅次于玉米，单独饲喂易引起酸中毒。

（4）大麦　带壳为“草大麦”，不带壳为“裸大麦”。带壳的大麦，即通常所说的大麦，它的代谢能水平较低，但适口性很好，因含粗纤维 5% 左右，可促进肉牛肠道的蠕动，使消化功能正常，是牛的好饲料。蛋白质含量高于玉米，约 10.8%，品质亦好；维生素含量一般偏低，不含胡萝卜素。裸大麦代谢能水平高于草大麦，比玉米子实低得多，蛋白质含量高。矿物质含量也比较高。在高档牛肉生产中，育肥后期使用不低于 25% 的大麦，可以改变肉质，使脂肪白而坚硬。应当注意，大麦和苜蓿干草同时混在日粮中会增加患臌胀病的可能性，尤其是大麦收割后未经充分晒干的情况下。

（5）燕麦　总的营养价值低于玉米，但蛋白质含量较高，约 11%；粗纤维含量较高为 10%～13%，能量较低；富含 B 族维生素，脂溶性维生素和矿物质较少，钙少磷多。燕麦是牛的极好饲料。但由于脂肪中含有亚油酸等不饱和脂肪酸，所以燕麦与其他谷物相比不容易贮存。

（6）稻谷和糙米　稻壳中仅含 3% 的粗蛋白质，40% 以上的是粗纤维，粗纤维中有一半以上是难以消化的木质素。稻谷在能量饲料中属中低档饲料。稻谷脱壳后即得糙米，含约 8% 的粗蛋白质，必需氨基酸较缺乏，必需的矿物质微量元素也比较缺乏。

2. 粮食加工的副产品　主要包括小麦麸、次粉、米糠、玉米皮和大豆皮等。

（1）小麦麸　其营养价值因麦类品种和出粉率的高低而变化。小麦麸粗蛋白质含量为 15% 左右，除胱氨酸、色氨酸略高于米糠外，所有氨基酸的含量都低于糠麸类中同类氨基酸的含量。粗纤维含量为 8% 左右，粗脂肪含量为 4% 左右。小麦麸中含有丰富的锰与锌，但铁的含量差异很大。含磷较高。小麦麸质地疏松、容重小、适口性好，是牛良好的饲料，具有轻泻作用，母牛产后喂以适量的麦麸粥，可以调养消化道的功能。用量一般不要超过20%。

（2）次粉　次粉又称黑面、黄粉、下面或三等粉等，是小麦磨制面粉的另一种副产品。由于面粉生产的工艺的不同，次粉有不同的档次。一般次粉中含有粗蛋白质14%（变动于11%～18%），粗脂肪含量2%～3%（变动于0.4%～5%），无氮浸出物的平均值含量为65%（变动于53%～73%）

（3）米糠　米糠为去壳稻粒（糙米）制成精米时分离出的副产品，有果皮、种皮、糊粉层及胚组成。米糠的有效营养变化较大，随含壳量的增加而降低。粗脂肪含量高，易在微生物及酶的作用下发生酸败。为使米糠便于保存，可经脱脂生产米糠饼。经榨油后的米糠饼脂肪和维生素减少，其他营养成分基本被保留下来。肉牛用量可达20%，脱脂米糠用量可达30%。稻壳粉碎后和米糠混合称统糠，统糠的营养价值取决于米糠在其中的比例。

（4）玉米皮　也称玉米皮渣，或玉米纤维饲料、玉米皮糠等。它是湿法生产淀粉时将玉米浸泡、粉碎、水选之后的筛上部分，经脱水而制成的玉米麸质饲料。其粗纤维含量约为16.2%（6%～16%），无氮浸出物为57.45%（其中淀粉40%以上），粗蛋白质为3%（2.5%～9%）。在肉牛日粮中可以代替部分玉米和麸皮。

（5）大豆皮　大豆加工中分离出的种皮，含粗纤维38%、粗蛋白质12%，几乎不含木质素，故消化率高，对于反刍家畜其营养价值相当于玉米等谷物，对于强度育肥肉牛有助于保持日粮粗纤维理想水平，同时又能保证增重的能量需要。

3. 其他能量饲料　包括块根、块茎、油脂、糖蜜等。

（1）块根、块茎　主要包括胡萝卜、甘薯、木薯、马铃薯和饲用甜菜等。这些饲料的干物质中淀粉和糖类含量高，蛋白质

含量低，纤维素少，并且不含木质素，适口性好。一般新鲜的块根、块茎饲料只用于饲喂犊牛与哺乳母牛，而不用作肉牛育肥（体积大）。这类饲料的干物质含能值一般比谷物类饲料要高。

（2）油脂　油脂的作用是提供能量，供应必需脂肪酸，促进脂溶性维生素的溶解、吸收。肉牛日粮中添加脂肪，可提高增重，改善胴体品质。专家认为，反刍动物低脂肪日粮补充长链脂肪酸，能提高饲料能量转化效率。但对高纤维日粮，当脂肪含量超过 5% 时，会影响纤维的消化率。因此，须对脂肪进行过瘤胃保护，如脂肪酸钙。

（3）糖蜜　糖蜜与淀粉、脂肪等其他能量饲料相比，它具有消化吸收快、口感好、富含矿物质及 B 族维生素的特点。糖蜜可让牛直接舔食，还可以直接添加到干草上；尤其是饲用舔砖和颗粒饲料，糖蜜不仅作为有效的能量原料，而且还是一种很好的黏结剂及调味剂。

4. 谷物类饲料的加工调制　谷物饲料的 70%～80% 是由淀粉组成的，加工的目的是提高饲料中淀粉的利用率和便于饲料的配合。

（1）粉碎　常用的加工方法是粉碎，试验证明谷物不宜粉碎过细。粗粉与细粉相比，粗粉可提高适口性，提高牛唾液分泌量，增加反刍。过细的会使牛采食量减少，在瘤胃停留时间短，导致饲料转化率降低和牛的增重降低。研究证明，将目前通常使用的玉米 14 目粉碎提升到 7～10 目（2～2.8 毫米孔筛）粉碎，可以加快玉米的粉碎速度，降低玉米加工成本（电费、机器磨损、人工费）3～5 元 / 吨，提高玉米利用率 2% 左右。麦类更不宜粉碎得过细。

（2）蒸汽压片　蒸汽压片一般将谷物先经 100～110℃蒸汽调制处理 30～60 分钟，然后用预热后的压辊碾成特定密度的谷物片。其机制是淀粉凝胶糊化的过程，提高淀粉在消化道的消化率。另外，谷物在加工过程中蛋白质的结构得到改变，有利于牛

对蛋白质的消化吸收。因此，蒸汽压片技术对玉米、小麦、大麦等进行加工处理可以显著提高其利用率，减少饲料浪费，降低对环境的污染，是目前发达国家普遍采用的谷物加工方法。

（二）蛋白质饲料

指干物质中粗纤维含量在18%以下、粗蛋白质含量为20%以上的饲料。对于肉牛主要是植物性蛋白质饲料、单细胞蛋白质饲料、非蛋白氮饲料等。

1. 子 实 类

（1）全脂大豆 粗蛋白质含量为42%，脂肪含量为21%，大豆中氨基酸含量丰富，特别是赖氨酸，但蛋氨酸不足。全脂大豆中含有抗营养因子，在饲喂前要进行适当的加热处理，一般采用膨化方法处理效果好。膨化大豆是犊牛代乳料和补充料的优质原料。

（2）带绒全棉籽 是一种高能、高蛋白、高纤维的优质饲料。其脂肪含量达19.3%；全棉籽的粗纤维100%为有效纤维，在国外作为牛饲料应用广泛。全棉籽可整粒饲喂，不需要经过任何加工处理，降低饲料加工成本；日粮中添加全棉籽不但增加日增重，还可提高牛抵抗热应激的能力。由于全棉籽中含有一定量的棉酚，日粮中添加棉籽时，要相应减少精料补充料中棉籽粕的添加量，笔者通过研究表明，日粮中添加15%全棉籽可以显著提高肉牛日增重并显著降低甲烷排放。

（3）油菜籽 粗蛋白质含量24.6%～32.4%，粗纤维含量5.7%～9.6%，粗灰分含量4.1%～5.3%，脂肪含量37.5%～46.3%。但由于油菜籽中含有硫代葡萄糖苷、芥子碱、单宁、植酸等抗营养因子，在肉牛日粮中不宜大量添加，应控制在17%以下。

（4）亚麻籽 亚麻籽是一种经济价值较高的油料作物，含有约41%的粗脂肪和28%的粗纤维，粗蛋白质含量15.5%～24.4%。可以增加肉牛干物质采食量，提高日增重，改善肉品

质，增加肉中多不饱和脂肪酸的含量。在精料补充料中可添加15% 左右的亚麻籽。

2. 饼粕类

（1）大豆饼（粕） 由于取油工艺不同，通常将用压榨法或夯榨法取油后的副产品称为大豆饼；将用浸提法或用预压后，再浸提取油后的副产品为大豆粕。粗蛋白质含量为 38%～47%，且品质较好，尤其是赖氨酸含量，是饼粕类饲料最高者，但蛋氨酸不足。大豆饼粕可替代犊牛代乳料中部分脱脂乳，并对各类牛均有良好的生产效果。

（2）棉籽饼（粕） 由于棉籽脱壳程度及制油方法不同，营养价值差异很大。粗蛋白质含量 16%～44%，粗纤维含量 10%～20%。棉籽饼粕蛋白质的品质不理想，赖氨酸较低，蛋氨酸也不足。棉籽饼中含有游离棉酚，长期大量饲喂会引起中毒。

（3）菜籽饼（粕） 有效能较低，适口性较差。粗蛋白质含量在 34%～38%，矿物质中钙和磷的含量均高，特别是硒含量为 1 毫克 / 千克，是常用植物性饲料中最高者。菜籽饼粕中含有硫葡萄糖苷、芥酸等毒素。在肉牛日粮中应控制在 10% 以下。近几年国内外已培育出许多优良“双低”油菜品种，与普通菜籽饼粕相比，常规营养成分的含量没有明显改变，但硫葡萄糖苷含量大大降低，从而大大改善了菜籽饼粕的饲用价值。“双低”菜粕在肉牛日粮中的推荐用量为 15%～20%。

（4）亚麻仁饼（粕） 亚麻饼（粕）中粗蛋白质及各种氨基酸含量与棉、菜籽饼（粕）近似。粗纤维为 8%左右。从蛋白质含量及有效能供给量的角度分析亚麻仁饼（粕）属中等偏下水平。

（5）葵花籽饼（粕） 营养成分取决于脱壳程度和榨油工艺。脱壳榨油后葵花籽饼（粕）的营养成分含量一般为粗蛋白质 41%～45%，粗脂肪 4%～7%，粗纤维 11%～13%。不脱壳的葵花籽饼（粕），其粗纤维含量很高（分别为 24% 和 34%），其他成分含量相对较低，当前我国市售的向日葵饼（粕）中大部分属于部分脱壳的产品，有效能值较低，一般肉牛日粮中的推荐用量不超过 10%。

（6）芝麻饼粕 粗蛋白质含量在 40%～46%，氨基酸含量也很丰富，氨基酸组成中蛋氨酸、色氨酸含量丰富，尤其是蛋氨酸高达 0.8% 以上。赖氨酸缺乏，精氨酸极高，赖氨酸与精氨酸之比为 100∶420，比例严重失衡，配制饲料时应注意。芝麻饼粕渣的有效能值也远远高出棉、菜籽饼而与豆饼接近。钙、磷含量较高。维生素 D、维生素 E 含量低，核黄素、烟酸含量较高。芝麻饼粕中的抗营养因子主要为植酸和草酸，二者能影响矿物质的消化和吸收。在肉牛日粮中的推荐用量不超过 10%。

（7）花生饼（粕） 粗蛋白质含量可达 45%以上，但氨基酸组成不好，赖氨酸含量只有大豆饼粕的一半左右，蛋氨酸含量也较低，而精氨酸含量高达 5.2%。不脱壳花生榨油生产出的花生饼，粗纤维含量可达 25%。花生饼、粕很容易感染黄曲霉菌而产生黄曲霉毒素，国家卫生标准规定允许量应低于 0.05 毫克 / 千克。

3. 玉米加工副产品

（1）玉米蛋白粉 是生产玉米淀粉的主要副产品，通常由 25%～60% 的蛋白质、15%～30% 的淀粉、少量的酯类物质和纤维素组成。玉米蛋白粉中的蛋白质主要是玉米醇溶蛋白、谷蛋白、球蛋白和白蛋白，过瘤胃蛋白质含量高，可用作肉牛优质蛋白质饲料原料。在使用玉米蛋白粉的过程中，应注意黄曲霉毒素含量。

（2）玉米胚芽饼 是玉米胚芽经提脂肪后的副产物，粗蛋白质含量为 14%～29%。其氨基酸组成较差，赖氨酸含量为 0.75%，蛋氨酸和色氨酸含量较低，钙少磷多，钙磷比例不平衡。另外，玉米胚芽饼粕的维生素 E 含量非常丰富，适口性好，但其品质不稳定，易变质，一般在牛精料混合料中的使用量为 20% 以下。由于价格较低，近年来在肉牛日粮应用较多。

（3）玉米酒精糟或玉米酒精蛋白饲料（DDGS） 因加工工艺与原料品质差别，其营养成分差异较大。一般粗蛋白质含量为

26%～32%，含有蛋白氮较高。酒精糟气味芳香，是肉牛良好的饲料，既可作能量饲料，也可作蛋白质饲料。一般在牛精饲料混合料中的使用量应在 17% 以下。

（4）玉米喷浆蛋白　是把玉米生产淀粉及胚芽后的副产品进行加工，把含蛋白质、氨基酸的玉米浆喷上去，使其蛋白质、能量、氨基酸含量增加，干燥后即成玉米喷浆蛋白，其主要成分为玉米皮。玉米喷浆蛋白颜色呈黄色，适口性好，蛋白质含量变化大（14%～27%），能量含量低，富含非蛋白氮。

4. 单细胞蛋白质饲料　以酵母最具有代表性，其粗蛋白质含量 40%～50%，生物学价值较高，含有丰富的 B 族维生素。

5. 非蛋白氮饲料　一般指通过化学合成的尿素、铵盐等。牛瘤胃中的微生物可利用这些非蛋白氮合成微生物蛋白，与天然蛋白质一样被供牛体消化利用。

尿素含氮 46% 左右，其蛋白质当量为 288%，按含氮量计，1 千克含氮为 46% 的尿素相当于 6.8 千克含粗蛋白质 42% 的豆饼。尿素的溶解度很高，在瘤胃中很快转化为氨，尿素饲喂不当会引起致命性的中毒。因此，使用尿素时应注意：①尿素的用量应逐渐增加，应有 2 周以上的适应期，以便保持肉牛的采食量；②只能在 6 月龄以上的牛日粮中使用尿素，因为 6 月龄以下时瘤胃尚未发育完全。繁殖母牛在使用时应受限制，尽量使用缓释尿素，以免影响繁殖；③和淀粉多的精饲料混匀一起饲喂，尿素不宜单喂，应与其他精饲料搭配使用，也可调制成尿素溶液喷洒或浸泡粗饲料，或调制成尿素青贮饲料，或制成尿素颗粒料、尿素精料砖等；④不可与生大豆或含尿酶高的大豆粕同时使用；⑤尿素应与谷物或青贮饲料混喂。禁止将尿素溶于水中饮用，喂尿素 1 小时后再给牛饮水；⑥尿素的用量一般不超过日粮干物质的 1%，或每 100 千克体重 15～20 克。

近年来，为降低尿素在瘤胃的分解速度，改善尿素氮转化为微生物氮的效率，防止牛尿素中毒，研制出了许多新型非蛋白氮饲料，如糊化淀粉尿素、异丁基二脲、磷酸脲、羟甲基尿素等。

（三）矿物质饲料

矿物质饲料是用来补充动物所需矿物质。肉牛常用的矿物质饲料主要有食盐、石粉、膨润土和磷补充料。

1. 食盐 补充植物性饲料中钠和氯的不足，提高饲料的适口性，增加食欲。氯化钠能促进唾液分泌，促进消化酶的活动，帮助消化，是胃液的组成部分，食盐不足会降低饲料转化率，使肉牛被毛粗乱，生长缓慢，啃泥舔墙。肉牛喂量为精饲料的1%～2%。喂青贮饲料时要比喂干草时多喂盐，喂青绿多汁饲料时要比喂干枯饲料时多喂盐，喂高粗日粮时要比喂高精饲料时多喂盐。

2. 石粉 石粉主要是指石灰石粉，主要成分是天然的碳酸钙，一般含钙35%，是最便宜的矿物质饲料。只要石灰石粉中铅、汞、砷、氟的含量在安全范围之内，就可以作为肉牛的饲料。肉牛饲料中一般添加1%～2%。

3. 膨润土 膨润土是以蒙脱石为主要成分的细粒黏土。膨润土对氨有较强的吸附性，对碱有一定的缓冲能力，因此能保持瘤胃pH值相对稳定，促进反刍动物对非蛋白氮的利用。在育肥牛日粮中每天添加50克或100克膨润土，日增重会明显增加。

4. 磷补充料 磷的补充饲料主要有磷酸氢二钠、磷酸氢钠、磷酸氢钙、过磷酸钙等，在配合饲料中的作用是提供磷和调整饲料中的钙磷比例，促进钙、磷的合理吸收和利用。

（四）饲料添加剂

为满足畜禽等动物的营养需要，完善日粮的全价性，提高饲料转化率、促进动物生长发育，防治疫病，减少饲料贮存期间的物质损失，增加畜产品产量并改善畜产品品质等，在饲料中添加的某些微量成分，这些微量成分统称饲料添加剂。

饲料添加剂习惯上分为两类，营养性饲料添加剂和非营养性

饲料添加剂。

1. 营养性饲料添加剂

（1）维生素饲料添加剂 由于反刍瘤胃能够合成B族维生素和维生素C，因此除犊牛外，一般无须额外补充。

①维生素A添加剂 高精料日粮或饲料贮存时间过长容易缺乏维生素A，维生素A是肉牛日粮中最容易缺乏的维生素。维生素A的化合物名称是视黄醇，极易被破坏。制成维生素添加剂是先用醋酸或丙酸或棕榈酸进行酯化，提高它的稳定性，然后再用微囊技术把酯化了的维生素A包被起来，一方面保护它的活性；另一方面增加颗粒体积，便于在配合饲料中搅拌。

在以干秸秆为主要粗料，无青绿饲料时，每千克肉牛日粮干物质中需添加维生素A添加剂（含20万国际单位/克）14毫克。

②维生素D添加剂 维生素D可以调节钙、磷的吸收。维生素D分为两种，一种是维生素D_2（麦角固化醇）；一种是维生素D_3（胆固化醇）。维生素D_3添加剂也是先经过醋酸的酯化，再用微囊或吸附剂加大颗粒。维生素D添加剂的活性成分含量为1克中含有500 000国际单位，或200 000国际单位。1个国际单位＝0.025微克结晶维生素D_2或维生素D_3。

在以干秸秆为主要粗料，无青绿饲料时，育肥牛和种牛都需注意维生素D_3的供给，每千克肉牛日粮干物质中需添加维生素D_3添加剂（含1万国际单位/克）27.5毫克。

③维生素E添加剂 维生素E也叫生育酚。维生素E能促进维生素A的利用，其代谢又与硒有协同作用，维生素E缺乏时容易造成白肌病。肉牛日粮中应该添加维生素E，每千克肉牛日粮干物质中需添加维生素E（含20万国际单位/克）0.38～3克。

（2）微量元素添加剂 肉牛常需要补充的微量元素有7种，即铁、铜、锰、锌、碘、硒、钴。微量元素的应用开发经历了3个阶段，即无机盐阶段、简单的有机化合物阶段和氨基酸螯合物阶段。目前我国常用的微量元素添加剂主要还是无机盐类。微量元素添加剂及其元素含量、可利用性见表 3–7。

表 3–7 微量元素添加剂及其元素含量

添加剂	含量（%）	可利用率（%）
铁：一水硫酸亚铁	30.0	100
七水硫酸亚铁	20.0	100
碳酸亚铁	38.0	15～80
铜：五水硫酸铜	25.2	100
无水硫酸铜	39.9	100
氯化铜	58	100
锰：一水硫酸锰	29.5	100
氧化锰	60.0	70
碳酸锰	46.4	30～100
锌：七水硫酸锌	22.3	100
一水硫酸锌	35.5	100
碳酸锌	56.0	100
氧化锌	48.0	100
碘：碘化钾	68.8	100
碘酸钙	59.3	—
硒：亚硒酸钠	45.0	100
钴：七水硫酸钴	21.0	100
六水氯化钴	24.3	100

数据来源：2002《中国饲料》。

微量元素氨基酸螯合物是指以微量元素离子为中心原子，通过配位键、共价键或离子键同配体氨基酸或低分子肽键合而成的复杂螯合物。微量元素氨基酸螯合物稳定性好，具有较高的生物学效价及特殊的生理功能。

研究表明，微量元素氨基酸螯合物能使被毛光亮，并且能治疗肺炎、腹泻。用氨基酸螯合锌、氨基酸螯合铜加抗坏血酸饲喂小牛，可以治疗小牛沙门氏菌感染。试验表明，黄牛的日粮中每天添加 500 毫克蛋氨酸锌，增重比对照组提高 20.7%。

日粮中添加微量元素除了要考虑微量元素的化合物形式，还要考虑各种微量元素之间存在的拮抗和协同的关系。例如，日粮中锰的含量较低时会造成动物体内硒水平的下降；日粮中钴、硫的含量与动物体内硒的含量呈负相关。

（3）氨基酸添加剂　蛋白质由22种氨基酸组成，对肉牛来说，最关键的5种限制性氨基酸是赖氨酸、蛋氨酸、色氨酸、精氨酸、胱氨酸。而赖氨酸和蛋氨酸是我国应用最多的氨基酸添加剂。

①赖氨酸添加剂　常用的赖氨酸添加剂为L–赖氨酸盐酸盐，化学名称为L–2，6–二氨基己酸盐酸盐。本品为白色或淡褐色粉末，易溶于水，无味或稍有异味。

②蛋氨酸添加剂　蛋氨酸的产品有3种，即DL–蛋氨酸、羟基类蛋氨酸钙和N–羟甲基蛋氨酸钙。羟基类蛋氨酸钙是DL–蛋氨酸合成中其氨基由羟基所代替的一种产品，作用和功能与蛋氨酸相同，使用方便，同时适用于反刍动物。一般蛋氨酸在瘤胃微生物作用下会脱氨基而失效，而羟基类蛋氨酸钙只提供碳架，本身并不发生脱氨基作用；瘤胃中的氨能作为氨基的来源，使其转化为蛋氨酸。N–羟甲基蛋氨酸钙又称保护性蛋氨酸，具有过瘤胃的性能，适用于反刍动物。

2. 非营养性添加剂　本类添加剂对动物没有营养作用，但是可以通过防治疫病、减少饲料贮存期饲料变质、促进动物消化吸收等作用来达到促进动物生长，提高饲料报酬。常用的有以下几种。

（1）莫能菌素　又名瘤胃素、莫能霉素、孟宁素，是肉桂地链霉菌发酵产生的抗生素。最初，人们用它作抗球虫药，后来发现对肉牛增重有益。莫能菌素的主要作用是调控瘤胃代谢。通过减少甲烷气体能量损失和饲料蛋白质降解、脱氨损失，控制和提高瘤胃发酵效率，从而提高增重速度及饲料转化率。瘤胃素排泄迅速，72小时后94%由粪尿排出。一般上市前无须停药，在使用时只要按规定量添加并均匀混合，不会出现中毒。但瘤胃素会使马属动物致死，注意千万不能让马属动物食入。

放牧肉牛及以粗饲料为主舍饲的牛，每头每日添加 150～200 毫克，日增重比对照牛提高 13.5%～15%，放牧犊牛日增重提高 23%～45%。高精料强度育肥舍饲牛，每头每日添加 150～200 毫克，日增重比对照牛提高 1.6%，每千克增重减少饲料消耗 7.5%；若每千克日粮干物质添加 30 毫克，提高饲料转化率约 10%。熊易强等在舍饲肉牛日粮中添加瘤胃素，日增重提高 17.1%，每千克增重减少饲料消耗约 15%，估计与我国农村拴系饲养，并非自由采食的特殊育肥方式有关。

瘤胃素的用量，肉牛每千克日粮（风干物）添加 30 毫克，或者每千克精料混合料 40～60 毫克。但要注意掌握每头牛每日饲喂瘤胃素不低于 50 毫克，不高于 360 毫克。实际应用时应根据日粮组成确定最适宜剂量。要均匀混合在饲料中，最初喂量可低些，以后逐渐增加。在生产实际中一般都是以脱脂米糠、玉米粉、稻壳粉、碳酸钙等作辅料制成的预混料。一般每千克含瘤胃素 100～200 克，具体见产品标示量。一般为黄褐色粗粉，有特异臭味。用量按规定或按瘤胃素预混剂中的瘤胃素含量折算。

（2）微生物饲料添加剂 益生素添加剂又称活菌制剂或微生物制剂。是一种在实验室条件下培养的细菌，用来解决由于应激、疾病或者使用抗生素而引起的肠道内微生物平衡失调。益生素添加剂补充有益菌群，保持或恢复消化道菌群平衡；刺激瘤胃微生物的生长和活性，增加瘤胃微生物菌群数量，并使瘤胃内丙酸量提高，维持瘤胃液 pH 值正常化。益生素是良好的免疫激活剂，增强抗病能力。益生素可改善机体代谢，补充机体营养成分，促进动物生长，并防止有毒物质的积累。

益生素根据制剂的用途及作用机制分为微生物生长促进剂和微生态治疗剂；依活菌剂的组成分为单一制剂和复合制剂；而目前较多使用的分类方法是依据微生物的菌种类型分为乳酸菌制

剂、芽孢杆菌制剂、真菌及活酵母类制剂。我国目前批准使用的益生菌有6种：芽孢杆菌、乳酸杆菌、粪链球菌、酵母菌、黑曲菌、米曲菌。牛则偏重于真菌、酵母类，并以曲霉菌效果较好。

为保证益生素的使用效果，使用一般不与抗生素和化学合成抗菌剂配伍，因它们对益生素有杀灭作用。但若肠道内有较多的病原体和无益微生物，而益生菌又不能取而代之时，可在饲喂益生素之前先用抗生素清理肠道。应用时间要早，使益生菌抢先占据消化道，成为优势菌群。在犊牛期、应激期（如断奶、运输、饲料或环境的改变）使用效果较好。同一使用剂量，饮水效果较好。

（3）酶　酶是活细胞产生的具有特殊催化能力的蛋白质，是促进生物化学反应的高效物质。酶通过参与生化反应，并提高其反应速度而促进蛋白质、脂肪、淀粉和纤维素的水解，具有促进饲料的消化吸收、提高饲料利用率和促进牛生长等作用。从而使过去牛不能利用或利用不充分的饲料或养分得到较好的利用，有些酶制剂还能提高牛瘤胃内微生物的活性，促进各种养分的消化吸收。

现在工业酶制剂主要采用微生物发酵法从细菌、真菌、酵母菌等微生物中提取的，目前批准使用的酶制剂12种。对于肉牛常用的酶制剂主要有淀粉酶、蛋白酶、脂肪酶和纤维素酶、半纤维素酶、β－葡聚糖酶、植酸酶和果胶酶等。使用方法如下：

体内酶解法：将酶制剂直接添加到牛的日粮中，此法使用简单，只要将单一酶或复合酶制剂均匀拌入饲料即可使用。

体外酶解法：人为控制和调节酶所需条件（如pH值、温度、湿度等），在体外使酶与底物充分反应，从而获得可被牛充分利用的产物，称为体外酶解法。此法饲养效益明显，但需一定条件与设备。

（4）寡糖　寡糖亦称低聚糖，是指由2～10个单糖以糖苷键连接形成的具有直链或支链的低度聚合糖类的总称。寡糖能促

进有益菌（如双歧杆菌）的增殖，吸附肠道病原菌，提高动物免疫力。目前，研究、应用最多的是果寡糖（FOS）、反式半乳糖（TOS）和大豆寡糖。和酶制剂、微生物制剂相比，低聚糖结构稳定，不存在贮藏、加工过程中的失活问题。

（5）缓冲剂 缓冲剂是一类能增强溶液酸碱缓冲能力的化学物质，调节瘤胃 pH 值，有益于消化纤维细菌的生长，提高有机物消化率和细菌蛋白的合成。

①碳酸氢钠 碳酸氢钠就是人们常说的“小苏打”，这是一种瘤胃缓冲剂，可使牛瘤胃内环境更适合微生物生长。在肉牛育肥时，为了加快育肥，必须供给较多的谷物精料，精料量增多，粗饲料减少，会形成过多的酸性物质。瘤胃酸度过高，影响牛的食欲，瘤胃 pH 值下降，并使瘤胃微生物区系被抑制，对饲料消化能力减弱。在高精料日粮中适当添加碳酸氢钠，可以增加瘤胃内碱性蓄积，改变瘤胃发酵，增强食欲，防止酸中毒，提高牛体对饲料的消化率，以满足增重产肉的需要。

碳酸氢钠用量，每 100 千克精料混合料中添加 1.5～2 千克。添加时可采用每周逐渐增加的方法，以免造成初期突然添加使采食量下降。

以上用量并非一成不变，要根据肉牛日粮成分组合、气候、营养予以调整。当喂酸性青贮饲料或精饲料超过总量 50%～60% 时，应喂碳酸氢钠。夏季采食量低，大量饲喂青草时，效果更明显；碳酸氢钠要妥善贮存，应避光、避热，忌与酸或酸性药物混合使用，以免影响效果；添加碳酸氢钠时，要相应减少食盐用量，以免钠食入量过多，但应同时注意补氯。

碳酸氢钠与氧化镁合用比例以 2～3∶1 较好。

②氧化镁 主要作用是维持瘤胃适宜的酸度，增强食欲，增加日粮干物质采食量，有利于粗纤维和糖类消化。用量一般占精料混合料的 0.75%～1% 或占整个日粮干物质的 0.3%～0.5%。氧化镁与碳酸氢钠混合比例及用法参照碳酸氢钠的用量、用法。

第四章
肉牛营养需要与饲料配制技术

一、肉牛的营养需要

1. 能量需要

（1）能量的来源和营养作用 肉牛所需的能量来源于碳水化合物、脂肪和蛋白质三大类营养物质。最重要的能源是从饲料中的碳水化合物（单糖、寡糖、淀粉、粗纤维等）在瘤胃的发酵产物——挥发性脂肪酸中取得的。脂肪和脂肪酸提供的能量约为碳水化合物的2.25倍，但作为饲料中的能源来说并不占主要的地位。蛋白质和氨基酸在动物体内代谢也可以提供能量，但是从资源的合理利用及经济效益考虑，用蛋白质用作能源价值昂贵，并且产生过多的氨，对肉牛有害，不宜作能源物质。在配制日粮时尽可能以碳水化合物提供能量是经济的。

饲料中的营养物质进入机体以后，如同煤被装入火炉，经过分解氧化“燃烧”后大部分以热量的形式表现为能量。肉牛生命的全过程和机体活动，如维持体温、消化吸收、营养物质的代谢，以及生长、育肥、繁殖、泌乳等均需消耗能量才能完成。当能量水平不能满足动物需要时，则生产力下降，健康状况恶化，饲料能量的利用率降低（维持比重增大）。生长期牛能量不足，则生长停滞。动物能量营养水平过高对生产和健康同样不利。能量营养过剩，可造成机体能量大量沉积（过肥），繁殖力下降。

由此不难看出，合理的能量营养水平对提高牛能量利用效率，保证牛的健康，提高生产力具有重要的实践意义。

（2）**饲料能量在肉牛体内的转化** 饲料能量并不能全部被牛所利用，在体内转化过程中有相当一部分被损失掉（图 4–1）。

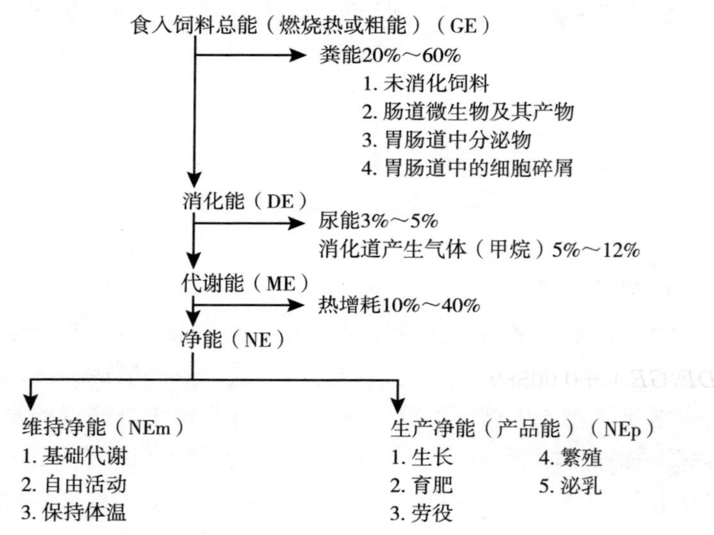

图 4–1 饲料能量在牛体内的利用与消耗

（3）**饲料能值的计算** 目前，世界各国所采用的肉牛能量体系不尽相同，但总的趋势是采用净能，少数国家采用代谢能，我国采用综合净能（将维持净能和增重净能相加合并为一个指标），为了在生产实践中应用方便，在肉牛饲养标准中采用了肉牛能量单位（RND）。

总能（*GE*，兆焦 / 千克干物质）=（粗蛋白质 % × 5.7+ 粗脂肪 % × 9.4+ 粗纤维 % × 4.2+ 无氮浸出物 % × 4.2）× 0.04184

消化能（*DE*，兆焦 / 千克干物质）= *GE*（兆焦 / 千克干物质）× 总能消化率

消化能（*DE*，兆焦 / 千克干物质）=（粗蛋白质 % × 5.7 ×

粗蛋白质消化率＋粗脂肪 %×9.4×粗脂肪消化率＋粗纤维 %×4.2×粗纤维消化率＋无氮浸出物 %×4.2×无氮浸出物消化率）×0.04184

代谢能（*ME*）=*DE*×0.82

维持净能（*NEm*，兆焦 / 千克干物质）＝*DE*（兆焦 / 千克干物质）×*Km*

增重净能（NE_p，兆焦 / 千克干物质）＝*DE*（兆焦 / 千克干物质）×*Kf*

饲料综合净能值（*NEmf*),（兆焦 / 千克）＝*DE*×（*Km*×*Kf*×1.5）/（*Kf*+*Km*×0.5）

式中：*Km*（消化能转化为维持净能的效率）＝0.1875×（*DE*/*GE*）+0.4579；

Kf（消化能转化为增重净能的效率）＝0.5230×（*DE*/*GE*）+0.00589

肉牛能量单位（*RND*）是以 1 千克中等玉米（二级饲料玉米，干物质 88.4%，粗蛋白质 8.6%，粗纤维 2%，粗灰分 1.4%，消化能 16.4 兆焦 / 千克干物质，*Km*=0.6214，*Kf*＝0.4619，*Kmf*＝0.5573，*NEmf*＝9.13MJ/ 千克干物质）所含的综合净能值 8.08 兆焦为 1 个肉牛能量单位，即：

$$RND = NEmf(\text{MJ}) / 8.08$$

（4）肉牛能量需要

①维持的能量（NEm）需要　维持能量需要是维持生命活动，包括基础代谢、自由运动、保持体温等所需要的能量。维持能量需要与代谢体重（$W^{0.75}$）成比例，计算公式：

$$NE_m(\text{千焦}) = 322W^{0.75}$$

肉牛的维持能量需要以牛在无应激的环境下活动最少的能量需要为标准。维持能量需要受性别、品种、年龄、环境等因素的影响，这些因素的影响程度可达3%～14%。我国饲养标准推荐，当气温低于12℃时，每降低1℃，维持能量需要增加1%。

②增重的能量需要　增重能量需要是由增重时所沉积的能量来确定，包括肌肉、骨骼、体组织、体脂肪的沉积等。我国饲养标准对生长肉牛增重净能的计算公式：

$$增重净能（千焦）= \Delta W（2092 + 25.1W）/（1-0.3\Delta W）$$

式中：W为体重，ΔW为日增重（千克）。对生长母牛增重净能的计算是在计算公式的基础上增加10%。

③妊娠母牛的能量需要　根据国内78头母牛饲养试验结果，在维持净能需要的基础上，不同妊娠天数每千克胎儿增重的维持净能为：

$$NEm（兆焦）= 0.197769t - 11.76122$$

式中：t为妊娠天数。

$$不同妊娠天数不同体重母牛的胎儿日增重（千克）=（0.00879t - 0.85454）\times（0.1439 + 0.0003558W）。$$

式中：W为母牛体重（千克）。

由上述两式可计算出不同体重母牛妊娠后期各月胎儿增重的维持净能需要，再加母牛维持净能需要，即为总的维持净能需要。总的维持净能需要乘以0.82即为综合净能（$NEmf$）需要量。

④哺乳母牛能量需要　泌乳的净能需要按每千克4%乳脂率的标准乳含3.138兆焦计算；维持能量需要（兆焦）=$0.322W^{0.75}$（千克）。二者之和经校正后即为综合净能需要。

2. 蛋白质需要　蛋白质是生命的重要物质基础。它主要由碳、氢、氧、氮4种元素组成，有些蛋白质还含有少量的硫、磷、铁、锌等。蛋白质是三大营养物质中唯一能提供牛体氮素的物质。因此，它的作用是脂肪和碳水化合物所不能代替的。常规饲料分析测得的蛋白质包括真蛋白质和氮化物，通常称粗蛋白

质，其数值等于样品总含氮量乘以 6.25。

（1）**蛋白质的营养作用** 蛋白质是维持正常生命活动，修补和建造机体组织、器官的重要物质，如肌肉、内脏、血液、神经、毛等都是由蛋白质作为结构物质而形成的。由于构成各组织器官的蛋白质种类不同，所以各组织器官具有各自特异性生理功能；蛋白质还是体内多种生物活性物质的组成部分，如牛体内的酶、激素、抗体等都是以蛋白质为原料合成的；蛋白质是形成牛产品的重要物质，如肉、奶的主要成分都是蛋白质；当日粮中缺乏蛋白质时，幼龄牛生长缓慢或停止，体重减轻，成年牛体重下降。长期缺乏蛋白质，还会发生血红蛋白减少的贫血症；当血液中免疫球蛋白数量不足时，则牛抗病力减弱，发病率增加。蛋白质缺乏的牛，食欲不振，消化力下降，生产性能降低；日粮蛋白质不足还会影响牛的繁殖功能，如母牛发情不明显，不排卵，受胎率降低，胎儿发育不良，公牛精液品质下降。反之，过多地供给蛋白质，不仅造成浪费，而且还可能是有害的。蛋白质过多时，其代谢产物的排泄加重了肝、肾的负担，来不及排出的代谢产物可导致中毒。蛋白质水平过高，对繁殖也有不利影响，公牛表现为精子发育不正常，降低精子的活力及受精能力，母牛则表现为不易形成受精卵或胚胎的活力下降。

（2）**非蛋白质含氮物的营养作用** 除蛋白质外，动、植物中还存在许多其他的含氮化合物，这类化合物不是蛋白质，即不是由氨基酸组成，但它们都含有氮元素，其结构不同，功能各异，统称之为非蛋白氮。非蛋白氮有很重要的营养作用，因为它在饲料氮中占重要地位。饲料中非蛋白氮除嘌呤、嘧啶（DNA 和 RNA 的组成成分，也是体内某些酶的成分）外，起主要营养作用的是酰胺和氨基酸。非蛋白氮在植物快速生长期含量很高，约占草原牧草或早期刈割干草总氮的 30%，青贮作物氮的 50%。成熟的子实及副产品中含量较少。饲料中（或人工合成）的非蛋白氮可充分地被瘤胃功能发育完善的牛所利用，合成微生物蛋白，满足牛体蛋白质的部分需要，降低饲养成本。

（3）氨基酸营养问题 蛋白质营养问题实质上是氨基酸的营养，蛋白质品质的好坏取决于其中各种氨基酸的含量和比例。构成动物体的蛋白质含有20多种氨基酸，其中有些氨基酸不能在体内合成，或能合成但合成的速度和数量远远不能满足动物的需要，必须由饲料提供，这类氨基酸称为必需氨基酸，而将那些体内能合成的氨基酸称之为非必需氨基酸。在必需氨基酸中，与需要量相比，含量最低且因其含量限制了其他氨基酸的利用者称为限制性氨基酸。不同种类的饲料所含蛋白质的氨基酸组成及含量不同，不同种类及生理状态的动物对氨基酸的需要亦不一致，因而限制性氨基酸的种类、顺序也不是固定的。它因构成日粮的饲料背景、饲料配比和饲喂对象而变动。在绝大多数肉牛日粮中，蛋氨酸为第一限制性氨基酸，其次为赖氨酸和苯丙氨酸。

必需氨基酸必须由饲料提供，非必需氨基酸并非完全不需要，动物所需的非必需氨基酸可由必需氨基酸合成。因此，当动物体内摄入的饲料中非必需氨基酸数量不足时，需消耗更多的必需氨基酸以补偿非必需氨酸的缺乏。反之，可节省必需氨基酸的消耗。因此，日粮中含有足够数量的非必需氨基酸，也是很重要的营养条件。从生理需要考虑，牛与猪禽一样也有必需氨基酸与非必需氨基酸之分。牛体组织至少需要9种必需氨基酸，但这些氨基酸能够被瘤胃微生物合成以满足牛的需要。所以，一般无须由饲料中提供必需氨基酸。但犊牛由于瘤胃发育不完全，瘤胃内没有微生物或微生物合成功能不完善。在此阶段至少需提供9种必需氨基酸——组氨酸、异亮氨酸、亮氨酸、赖氨酸、蛋氨酸、苯丙氨酸、苏氨酸、酪氨酸和缬氨酸。随着前胃的发育成熟，对日粮中必需氨基酸的需要则逐渐减少。成年牛一般无须由饲料提供必需氨基酸。牛由小肠吸收的氨基酸来源于4个方面——瘤胃微生物蛋白质、过瘤胃蛋白质、过瘤胃氨基酸和内源氮。研究表明，微生物细胞的最大产量约为发酵饲料的10%～20%，而它们又降解饲料中易发酵的蛋白质，使高质量的蛋白质不能到达小肠。在生长快的肉牛仅靠瘤胃微生物提供必需氨基酸是不够的。现在反刍动物蛋白质营养研究的热点实际上是必需氨基酸问题。

（4）蛋白质需要量

①生长育肥牛的粗蛋白质需要量

维持的粗蛋白质需要（克）$=5.5W^{0.75}$（千克）

增重的粗蛋白质需要（克）$=\Delta W(168.07-0.16869W+0.0001633W^2)\times(1.12-0.1233\Delta W)/0.34$

式中：ΔW 为日增重（千克），W 为体重（千克）。

②妊娠后期母牛的粗蛋白质需要　维持的粗蛋白质需要（克）$=4.6W^{0.75}$（千克）；在维持基础上粗蛋白质的给量，6个月时为77克，7个月时145克，8个月时255克，9个月时403克。

③哺乳母牛的粗蛋白质需要　维持的粗蛋白质需要（克）$=4.6W^{0.75}$（千克）；生产需要按每千克4%乳脂率标准乳需粗蛋白质85克。

3. 矿物质需要　矿物质是维持体组织、细胞代谢和正常生理功能的所必需的，肉牛需要的矿物质元素至少有17种，包括常量元素钙、磷、钾、钠、氯、镁、硫等，微量元素包括钴、铜、碘、铁、锰、硒、锌、硒、钼等。

（1）钙和磷　钙和磷是牛体内含量最多的无机元素，是骨骼和牙齿的重要成分，约有99%的钙和80%的磷存在于骨骼和牙齿中。钙是细胞和组织液的重要成分，参与血液凝固，维持血液pH值以及肌肉和神经的正常功能。磷是磷脂、核酸、磷蛋白的组成成分，参与糖代谢和生物氧化过程，形成含高能磷酸键的化合物，维持体内的酸碱平衡。

日粮中缺钙会使幼牛生长停滞，发生佝偻病。成年牛缺钙引起骨软症或骨质疏松症。泌乳母牛的乳热症由钙代谢障碍所致，由于大量泌乳使血钙急剧下降，甲状旁腺功能未能充分调动，未能及时释放骨中的钙储补充血钙。此病常发生于产后，故亦称产后瘫痪。缺磷会使牛食欲下降，牛出现“异食癖”，如爱啃骨头、木头、砖块和毛皮等异物，牛的泌乳量下降。钙、磷对牛的繁殖影响很大。缺钙可导致难产、胎衣不下和子宫脱出。牛缺磷的典型症状是母牛发情无规律、乏情、卵巢萎缩、卵巢囊肿及受胎率低，或发生流产，产下生活力很弱的犊牛。高钙日粮可引起许多不良后果。因元素间的拮抗而影响锌、锰、铜等的吸收利用，因影响瘤胃微生物区系的活动而降低日粮中有机物质消化率等。日粮中过多的磷会引起母牛卵巢肿大，配种期延长，受胎率下降。日粮中钙磷比例不当也会影响牛的生产性能及钙、磷在牛消化道的吸收。实践证明，理想的钙磷比是1～2∶1。

①钙

肉牛的钙需要量（克/天）=［0.0154×体重（千克）+0.071×日增重的蛋白质（克）+1.23×日产奶量（千克）+0.0137×日胎儿生长（克）］÷0.5

②磷

肉牛的磷需要量（克/天）=［0.0280×体重（千克）+0.039×日增重的蛋白质（克）+0.95×日产奶量（千克）+0.0076×日胎儿生长（克）］÷0.85

（2）钠与氯 主要存在于体液中，对维持牛体内酸碱平衡、细胞及血液间渗透压有重大作用，保证体内水分的正常代谢，调节肌肉和神经的活动。氯参与胃酸的形成，为饲料蛋白质在真胃消化和保证胃蛋白酶作用所需的pH值所必需。牛日粮中需补充食盐来满足钠和氯的需要。缺乏钠和氯，牛表现为食欲下降，生长缓慢，减重，泌乳下降，皮毛粗糙，繁殖功能降低。

肉牛的食盐给量应占日粮干物质的0.3%。牛饲喂青贮饲料时，需食盐量比饲喂干草时多；给高粗料日粮时要比喂高精料日

粮时多；喂青绿多汁的饲料时要比喂枯老饲料时多。

（3）镁　大约 70% 存在于骨骼中，镁是碳水化合物和脂肪代谢中一系列酶的激活剂，它可影响神经肌肉的兴奋性，低浓度时可引起痉挛。泌乳牛较不泌乳牛对缺镁的反应更敏感。成年牛的低镁痉挛（亦称青草痉挛或泌乳痉挛）最易发生的是放牧的泌乳母牛，尤其是放牧于早春良好草地采食幼嫩牧草时，更易发生。表现为泌乳量下降，食欲降低，兴奋和运动失调，如不及时治疗，可导致死亡。

肉牛镁的需要量占日粮 0.16%。一般肉牛日粮中不用补充镁。

（4）钾　在牛体内以红细胞内含量最多。具有维持细胞内渗透压和调节酸碱平衡的作用。对神经、肌肉的兴奋性有重要作用。另外，钾还是某些酶系统所需的元素。牛缺钾表现为食欲减退，毛无光泽，生长发育缓慢，异嗜癖，饲料转化率下降，产奶量减少。夏季给牛补充钾，可缓解热应激对牛的影响。高钾日粮会影响镁和钠的吸收。

肉牛钾的需要量占日粮 0.65%。一般肉牛日粮中不用补充钾。

（5）硫　在牛体内主要存在于含硫氨基酸（蛋氨酸、胱氨酸和半胱氨酸）、含硫维生素（硫胺素、生物素）和含硫激素（胰岛素）中。硫是瘤胃微生物活动中不可缺少的元素，特别是对瘤胃微生物蛋白质合成，能将无机硫结合进含硫氨基酸和蛋白质中。

肉牛硫的需要量占日粮 0.16%。一般肉牛日粮中不用补充硫。但肉牛日粮中添加尿素时，易发生缺硫。缺硫能影响牛对粗纤维的消化率，降低氮的利用率。用尿素作为蛋白补充料时，一般认为日粮中氮和硫之比为 15∶1 为宜，比如每补 100 克尿素加 3 克硫酸钠。

（6）铁、铜、钴　这 3 种元素都是和牛体的造血功能有密切关系　铁是血红蛋白的重要组成成分。铁作为许多酶的组成

成分，参与细胞内生物氧化过程。长期喂奶的犊牛常出现缺铁，发生低色素型小红细胞性贫血（血红蛋白过少及红细胞压积降低），皮肤和黏膜苍白，食欲减退，生长缓慢，体重下降，舌乳头萎缩。

铜促进铁在小肠的吸收，铜是形成血红蛋白的催化剂。铜是许多酶的组成成分或激活剂，参与细胞内氧化磷酸化的能量转化过程。铜还可促进骨和胶原蛋白的生成及磷脂的合成，参与被毛和皮肤色素的代谢，与牛的繁殖有关。牛缺铜还表现为体重减轻，产奶量下降，胚胎早期死亡，胎衣不下，空怀增多；公牛性欲减退，精子活力下降，受精率降低。牛也易受高铜的危害。缺铜时，牛易发生巨细胞性低色素型贫血，被毛褪色，犊牛消瘦，运动失调，生长发育缓慢，消化功能紊乱。牛对日粮中铜的最大耐受量为 70～100 毫克 / 千克，长期用高铜日粮喂牛对健康和生产性能不利，甚至引起中毒。

钴的主要作用是作为维生素 B_{12} 的成分，是一种抗贫血因子。牛瘤胃中微生物可利用饲料中提供的钴合成维生素 B_{12}。钴还与蛋白质、碳水化合物代谢有关，参与丙酸和糖原异生作用。钴也是保证牛正常生殖功能的元素之一。牛缺钴表现为食欲丧失，消瘦，黏膜苍白，贫血，幼牛生长缓慢，被毛失去光泽，生产力下降。缺钴直接影响牛的繁殖功能，表现为受胎率显著降低。缺钴的牛往往血铜降低，同时补充铜钴制剂，可显著提高受胎率。

肉牛铁的需要量为 50 毫克 / 千克日粮干物质，铜的需要量为 8 毫克 / 千克日粮干物质，钴的需要量为 0.1 毫克 / 千克日粮干物质。

（7）锌 是牛体内多种酶的构成成分，直接参与牛体蛋白质、核酸、碳水化合物的代谢。锌还是一些激素的必需成分或激活剂。锌可以控制上皮细胞角化过程和修复过程，是牛创伤愈合的必需因子，并可调节机体内的免疫功能，增强机体的抵抗力。日粮中缺锌时，牛食欲减退，消化功能紊乱，异嗜，角化不全，

创伤难愈合，发生皮炎（特别是牛颈、头及腿部），皮肤增厚，有痂皮和皲裂。产奶量下降，生长缓慢，唾液过多，瘤胃挥发性脂肪酸产量下降。公、母牛缺锌可使繁殖力受损害。

肉牛锌的需要量为 40 毫克 / 千克日粮干物质。

（8）**锰**　是许多参与碳水化合物、脂肪、蛋白质代谢酶的辅助因子。参与骨骼的形成，维持牛正常的繁殖功能。锰具有增强瘤胃微生物消化粗纤维的能力，使瘤胃中挥发性脂肪酸增多，瘤胃中微生物总量也增加。缺锰牛生长缓慢、被毛干燥或色素减退。犊牛出现骨变形和跛行、共济失调。缺锰导致公、母牛生殖功能退化，母牛不发育或发情不正常，受胎延迟，早产或流产；公牛发生睾丸萎缩，精子生成不正常，精子活力下降，受精能力降低。

肉牛锰的需要量为 40 毫克 / 千克日粮干物质。

（9）**碘**　是牛体内合成甲状腺素的原料，在基础代谢、生长发育、繁殖等方面有重要作用。日粮中缺碘时，牛甲状腺增生肥大。幼牛生长迟缓，骨骼短小成侏儒型。母牛缺碘可导致胎儿发育受阻，早期胚胎死亡，流产，胎衣不下。公牛性欲减退，精液品质低劣。

肉牛碘的需要量为 0.25 毫克 / 千克日粮干物质。

（10）**硒**　具有某些与维生素 E 相似的作用。硒是谷胱甘肽过氧化物酶的组成成分，能把过氧化脂类还原，保证生物膜的完整性。硒能刺激牛体内免疫球蛋白的产生，增强机体的免疫功能。硒为维持牛正常繁殖功能所必需。缺硒地区的牛常发生白肌病，精神沉郁，消化不良，共济失调。幼牛生长迟缓，消瘦，并表现出持续性腹泻。缺硒导致牛的繁殖功能障碍，胎盘滞留、死胎、胎儿发育不良等。公牛缺硒，精液品质下降。研究发现，补硒的同时补充维生素 E 对改善牛的繁殖功能比单补任何一种效果更好。

肉牛硒的需要量为 0.3 毫克 / 千克日粮干物质。

4. 维生素需要　肉牛所需要的维生素主要来源于饲料和体内微生物合成，主要有脂溶性维生素和水溶性维生素两大类，具体包括：

（1）脂溶性维生素　包括维生素 A、维生素 D、维生素 E 和维生素 K。在春、夏季节牧草品质优良或秋、冬季节有优质干草和青贮饲料的条件下，牛一般不会缺乏维生素 A、维生素 D 和维生素 E，同时牛瘤胃微生物能合成维生素 K，一般也不易缺乏。

①维生素 A　维生素 A 与视觉、骨骼的生长发育、繁殖有关；还能维持皮肤、消化道、呼吸道和生殖泌尿系统上皮组织的正常；还与动物的免疫力有关。缺乏维生素 A 则食欲减退、生长受阻、干眼、夜盲、神经失调、繁殖力下降、流产、死胎、产盲犊等症状；维生素 A 过量可引起动物中毒，造成骨骼过度生长、听神经和视觉神经受影响、皮肤发炎等。

肉牛维生素 A 需要量（数量 / 千克饲料干物质）：生长育肥牛 2 200 国际单位（或 5.5 毫克胡萝卜素）；妊娠母牛为 2 800 国际单位（或 7 毫克胡萝卜素）；泌乳母牛为 3 800 国际单位（或 9.75 毫克胡萝卜素）。

②维生素 D　其最基本的功能就是促进肠道钙、磷的吸收，提高血液钙和磷的水平，促进骨的钙化；影响巨噬细胞的免疫功能；还与肠黏膜细胞的分化有关。缺乏维生素 D 表现为骨软症、骨质疏松症、佝偻病和产后瘫痪等；维生素 D 过量同样引起中毒，则血液钙过多，各种组织器官中都发生钙质沉着以及骨损伤，另外还有食欲丧失、失重等。

肉牛的维生素 D 需要量为每千克饲料干物质 275 国际单位。犊牛、生长牛和成年母牛每 100 千克体重需 660 国际单位维生素 D。

③维生素 E　又叫抗不育维生素，作为抗氧化剂维持细胞膜结构的完整和膜的通透性；与繁殖、肌肉代谢、体内物质代谢有关；维持毛细血管结构和神经系统正常功能，增强机体免疫力和

抵抗力；改善肉质等。幼龄犊牛缺乏维生素 E 的典型症状为白肌病或微量元素硒引起的，也可能二者都缺乏。通常肉牛饲料中不会缺乏，但在应激和免疫力较差时需补充维生素 E。反刍动物中很少发现维生素 E 中毒的情况。

正常饲料中不缺乏维生素 E。犊牛日粮中需要量为每千克干物质含 15～60 国际单位，成年牛正常日粮中含有足够的维生素 E。

④维生素 K　又叫止血维生素，其主要的作用是参与凝血活动，催化凝血酶原和凝血活素的合成；另外，还参与骨骼的钙化、利尿、强化肝脏、降血压等功能。反刍动物的瘤胃微生物能合成大量的维生素 K_2，当牛采食发霉腐败的草木樨时，易发生双香豆素中毒，其结构与维生素 K 相似，但功能与维生素 K 拮抗，通常 2～3 周后才发病，症状为机体衰弱、步态不稳、运动困难、体温低、发抖、瞳孔放大、凝血时间变慢、皮下血肿或鼻孔出血等。

（2）水溶性维生素　包括 B 族维生素和维生素 C。

B 族维生素包括 10 余种生化性质各异的维生素，均为水溶性。它们均为辅酶或酶的辅基，参与牛体内碳水化合物、脂肪和蛋白质代谢。幼龄牛（瘤胃功能尚不健全）必须由饲料中经常供给。成年牛瘤胃中可合成 B 族维生素，一般情况下不必由饲料供给。犊牛易出现缺乏症的维生素有：硫胺素、核黄素、吡哆醇、泛酸、生物素、烟酸和胆碱。

维生素 B_{12} 在牛体内丙酸代谢中特别重要。肝中维生素 B_{12} 缺乏，则丙酸盐不能有效地转变为琥珀酸盐，并且甲基丙二酰辅酶 A 有积累现象，导致糖原异生作用受阻。牛维生素 B_{12} 缺乏常常由日粮中缺钴所致，瘤胃微生物没有足够的钴则不能合成最适量的维生素 B_{12}。牛缺乏维生素 B_{12} 表现为食欲丧失、脂肪肝、贫血、幼牛消瘦、被毛粗乱、生长迟缓，母牛受胎率和繁殖率下降。

近年来研究发现，虽然牛瘤胃中能合成 B 族维生素，但由于

牛生产水平的提高，并不能满足其机体的需要，也须对它们在牛营养代谢中的功能做重新估计。报道较多的是烟酸，它可促进微生物蛋白质的合成，降低甲烷的产量，防止饲料蛋白质在瘤胃中降解。每千克日粮干物质添加 100 毫克烟酸，日增重可提高 3.6%。

牛能在肝脏或肾中合成维生素 C，参与细胞间质中胶原的合成，维持结缔组织、细胞间质结构及功能的完整性，刺激肾上腺皮质激素的合成。维生素 C 具有抗氧化作用，保护其他物质免受氧化。缺乏维生素 C 时，周身出血，牙齿松动，贫血，生长停滞，关节变软等。近年来研究发现，维生素 C 对牛的繁殖影响很大，维生素 C 有助于维持妊娠。发情期血液中维生素 C 浓度升高，其机制尚不清楚。维生素 C 可改善牛的配种能力，刺激精子的生成，提高精液品质和精子活力。研究表明，适量维生素 C 可缓解牛热应激和运输应激。

5. 日粮纤维水平与质量　对日粮纤维的定义常见的有两种方法：一种是生理学方法，把日粮纤维看成是一种不被动物消化酶所消化的日粮组成成分；另一种是化学方法，把日粮纤维看成是一种非淀粉多糖（NSP）和木质素的总和。Van Soest（1967）提出的洗涤纤维分析方法，是用中性洗涤纤维（NDF）、酸性洗涤纤维（ADF）和酸性洗涤木质素（ADL）作为测定饲料纤维性物质的指标。通过 NDF 可以知道饲料中总的纤维含量，它是预测粗饲料采食量的最好指标，而 ADF 含量多少与粗饲料消化率密切相关。卢德勋（1998）认为，日粮纤维的定义应包括三层含义：①日粮纤维是日粮内一种具有特殊营养生理作用的复合成分，而不是一种化学组成相当一致的饲料或日粮成分；日粮内组成纤维的单个成分的营养作用并不等于日粮纤维的整体营养生理作用；②日粮纤维组成应包括结构性和非结构性成分两部分；③日粮纤维的分析方法应以全面反映日粮纤维定义的上述两层含义为原则，并具有操作简便、易行、重复性强的特点（图 4-2）。

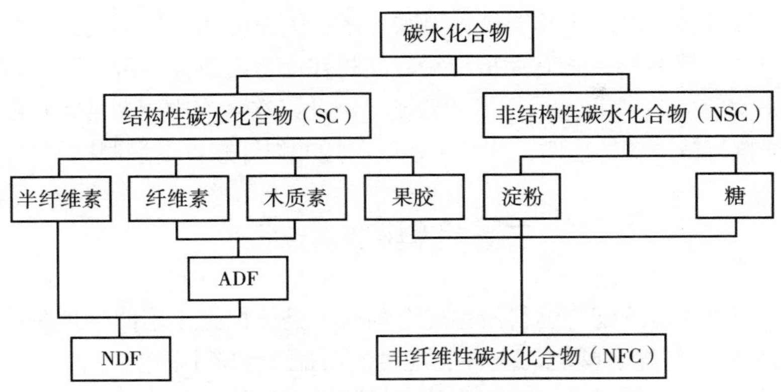

图 4–2　碳水化合物的组成

饲料纤维在瘤胃的降解速度较慢，高纤维日粮的采食量和消化率降低。如果日粮中纤维物质不足，肉牛表现为咀嚼和反刍时间缩短，唾液分泌减少，高精料日粮还可导致瘤胃发酵速度加快，瘤胃 pH 值下降。当瘤胃 pH 值降至 6～6.2 以下时，瘤胃微生物对日粮纤维性物质的降解能力减弱，进而可导致酸中毒。因此，为保证肉牛正常的瘤胃发酵，提高生产性能，肉牛日粮中必须保证有一定数量的纤维。

肉牛日粮最低 NDF 含量与牛的体况、生产水平、日粮结构、加工工艺、日粮中饲料纤维长度、总干物质采食量、饲料的缓冲能力以及饲喂次数等有关。在以苜蓿或玉米青贮作为主要粗饲料，玉米作为主要淀粉源的日粮，NDF 含量至少占日粮干物质的 25%，其中 19%的 NDF 必须来自粗饲料。当来自于粗饲料的 NDF 含量低于 19%时，每降低 1%，日粮中的最低 NDF 含量相应需提高 2%。

对于育成牛应使用高 NDF 日粮，体重小于 180 千克，日粮 NDF 含量占日粮 DM 的 34%左右；体重 180～360 千克时，占 42%左右；180～540 千克时，占 50%左右。

当牛日粮中纤维含量太低时，会出现一系列消化系统疾病或代谢病，如乳酸症、真胃变位等。然而，在肉牛强度育肥期，粗饲料过多难以满足其能量需要和高产，因而应适当提高精饲料的用量。精饲料中含有大量淀粉，淀粉在瘤胃内迅速发酵，使瘤胃 pH 值下降，严重时代谢发生紊乱。因此，在生产中要非常重视精饲料与粗饲料的比例，并科学地使用缓冲剂等瘤胃发酵调控剂。

二、饲料配制技术

肉牛全价配合饲料简称配合饲料，是根据肉牛不同生理阶段（生长、妊娠、哺乳、空怀、配种、育肥）和不同生产水平对各种营养成分的需要量，把多种饲料原料和添加成分按照规定的加工工艺配制成均匀一致、营养价值完全的饲料产品。简单来说，肉牛配合饲料就是把干草、青贮饲料和各种精饲料以及矿物质、维生素等，按营养需要搭配均匀，加工成适口性好的散碎料或块料或饼料。

肉牛饲料按其营养构成可分为全价配合饲料、精料混合料、浓缩饲料和添加剂预混料。这 4 种产品的彼此关系见图 4-3。

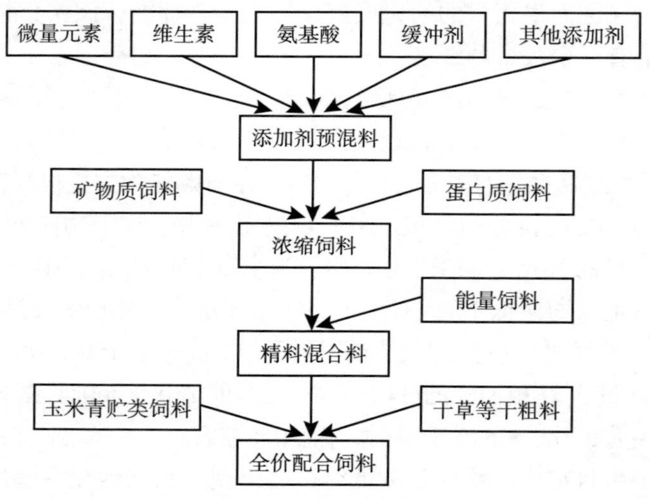

图 4-3　肉牛配合饲料组分模式图

因此，全价配合饲料可以直接饲喂肉牛，精料混合料必须与粗饲料搭配才能饲喂，浓缩饲料必须与能量饲料、粗饲料搭配才能饲喂，而添加剂预混料则必须与矿物质饲料、蛋白质饲料、能量饲料、粗饲料搭配才能饲喂。

（一）肉牛配合饲料的一般原则

对肉牛饲料进行合理配方的目的是要在生产实际中获得最佳生产性能和最高利润，并且低污染，因此肉牛的日粮配合应遵循以下原则：

第一，适宜的饲养标准。根据肉牛不同的生理阶段，选择适宜的饲养标准。另外，我国肉牛的饲养标准是根据我国的生产条件，在中立温度、舍饲和无应激的环境下制定的，所以在实际生产中应根据实际饲养情况做必要的调整。

第二，本着经济性的原则，选择饲料原料。充分利用当地饲料资源，因地制宜，就地取材，充分利用当地农副产品，可以降低饲养成本。

第三，饲料种类应多样化。根据牛的消化生理特点，合理选择多种原料进行合理搭配，并注意适口性和易消化性，善待动物。多种原料进行合理搭配，可以使饲料营养得到互补，提高日粮营养价值和饲料利用率。所选的饲料应新鲜、无污染对畜产品质量无影响。

第四，适当的精粗比例。根据牛的消化生理特点，精饲料与粗饲料之间的比例，关系到肉牛的育肥方式和肥育速度，并且对肉牛健康十分必要。以干物质基础，日粮中粗饲料比例一般在40%～60%，强度育肥期精饲料可高达70%～80%。

第五，日粮应有一定的体积和干物质含量。所用的日粮数量要使牛吃得下、吃得饱并且能满足营养需要。

第六，正确使用饲料添加剂。根据牛的消化生理特点，添加氨基酸、脂肪等添加剂，应注意保护，以免遭受瘤胃微生物的破

坏。不使用违禁饲料添加剂和不符合卫生标准的饲料原料，不滥用会对环境（土地、水资源等）造成污染的饲料添加剂，抗生素添加剂会对成年牛的瘤胃微生物造成损害和产品的残留，应避免使用。提倡使用有助于动物排泄物分解和去除不良气味的安全性饲料添加剂。

（二）肉牛日粮配方的制订方法和步骤

1. 确定营养水平 根据不同肉牛生理阶段选用相应饲养标准。我国的肉牛标准比较符合国情，因此一般情况下可以我国的标准为基础，参考国外标准来确定配方的营养水平。饲养标准既具有权威性又具有局限性。无论哪一种饲养标准，只能反映畜禽对各种营养物质需要的近似值。因为饲养标准大多是根据在人工控制的条件下所得试验结果制定的，不可能完全符合各种不同生产条件下的实际需要。因此，应根据生产实际和经验适当调整，一般常需增加一定的保险系数。在适宜的温度（10～21℃）范围，营养需要变化不大，但温度过低，肉牛为了维持体温，维持需要就会增加；同样，温度过高会产生热应激，影响肉牛的采食量，因此采食量和日粮浓度都需要适当调整。调整饲养标准时，先确定能量标准，然后根据饲养标准中能量与其他营养素之间的比例关系，再调整其他营养物质需要量。

（1）根据产品定位确定营养水平 对饲料企业而言，普遍遵循的条原则是：对于以饲喂效果为导向的高端产品，应该以质定价，对于以市场为导向的低端产品，要以价定质；对养牛场自配料而言，遵循的一条原则是获得最佳的饲养效益。

（2）科学确定参算指标 配方优化应同时考虑到动物所需的所有营养成分甚至有害成分。实际上即使使用配方软件，也往往无法接受太多的约束条件。若计算指标太多时，很难找到最优解。所以，通常把主原料和预混料 / 添加剂分开设计，添加剂由手工或计算机辅助计算。

在肉牛日粮配方的制订时，选择的营养指标一般为：能量、蛋白质、钙、总磷。食盐一般占肉牛日粮 0.3%～0.4%，或占精料补充料的 1%。

2. 确定所用原料种类，并列出所用饲料的营养成分

（1）综合因素　在考虑是否选某种饲料原料时，不仅要考虑饲料原料的营养价值，还需要综合考虑它的适口性、抗营养因子、可获得性、可加工性、市场包容性、原料价格以及适用的动物等因素。

营养价值因素需要重点考虑的是该饲料原料的能量、粗蛋白质、粗纤维、粗灰分等指标，这 4 项指标基本决定了该饲料原料的营养价值概况。饲料营养价值可以参考《中国饲料营养成分及营养价值表》或行业内知名公司发布的有影响的原料营养价值表。若使用者没有自己积累的原料数据库，建议对饲料原料进行分析化验，特别是关键性原料。同样是棉籽粕，由于脱壳、脱绒的程度不同，粗蛋白质含量由 20% 到 44% 不等。玉米也由于水分含量不同和饱满程度不同能量和粗蛋白质有所差距。如果不按实际含量进行设计，往往造成养分不足或过多，不能达到预期的生产效果。

获得性是指该饲料原料是否可以稳定供应，即使不能长期稳定供应，只要能满足一个产品少次批量生产的需要也是可以考虑应用的；可加工性是指该原料是否适合于饲料厂和养牛场的加工工艺，有些饲料原料尽管营养价值丰富且适口性好，例如豆腐渣、鲜酒糟等适合于养牛场直接使用，如果加入饲料配方当中，必须考虑其加工工艺带来的问题；市场包容性是指采用了该原料后用户是否会接受，如果用户不能容忍饲料中加入该原料后的饲料，也不能使用该原料；适用动物因素就更加复杂，对于同一种原料在不同肉牛品种和生理阶段上应用，其营养素的可利用性是不一样的。根据当地饲料资源情况，选择质量有保证、能长期充足供应而价格又相对较低的原料。

（2）**原料种类** 为了全面满足肉牛的营养需要，饲料原料也应至少包括粗饲料和糟渣饲料、能量饲料、蛋白质饲料、矿物质饲料（主要补充一般饲料原料含量不足的钙、磷、钠、氯等常量元素）、维生素和微量元素添加剂。

粗饲料和糟渣饲料在北方地区可以选择玉米秸秆、玉米秸秆青贮、稻草、谷草、羊草、酒糟、淀粉渣等；南方地区还可以选择甘蔗梢、甘蔗梢青贮、香蕉茎秆青贮、油菜秸秆、甜菜渣等农副产品作为肉牛的粗饲料。还应考虑饲料的组合效应，即当饲料间的互作使饲料中某种养分的利用率或采食量高于各饲料的加权值时为正组合效应。近年来笔者用体外法分别评定了不同秸秆饲料间的组合效应，结果玉米秸和谷草的最优搭配比例为60∶40；玉米秸秆、谷草、玉米秸秆青贮饲料的最优搭配比例为12∶8∶80；玉米秸秆和小麦秸秆最优搭配比例为60∶40；玉米秸秆、小麦秸秆和玉米秸秆青贮三者的适宜组合比例为12∶8∶80；玉米秸秆和稻草最优搭配比例为60∶40；玉米秸秆、稻草和玉米秸秆青贮适宜组合比例为24∶16∶60；玉米秸秆、稻草、玉米秸秆青贮与精饲料的适宜比例为9.6∶6.4∶24∶60；玉米秸秆青贮、红薯秧、啤酒糟三者间最佳比例为60∶30∶10。

根据我国大部分地区饲料资源情况，肉牛的能量饲料一般可以选择玉米、小麦、大麦、次粉、麸皮等，米糠可取代麸皮，且能量高于麸皮，但天热潮湿时容易变质，需注意。

蛋白质饲料一般可以选择豆粕、菜籽粕、棉籽粕、花生粕、向日葵粕、胡麻粕等，价格比较低廉的蛋白质饲料，只要应用得当，能降低成本。品质良好而价格较低的玉米蛋白粉、豌豆蛋白粉、粉浆蛋白、DDGS等也是很好的蛋白质饲料。酵母饲料蛋白质含量也较高，而且含有丰富的B族维生素。但由于原料、菌株和生产工艺不同，质量相差很大，应选用质量好而稳定的产品。

矿物质饲料主要是磷酸氢钙、石粉、食盐，预混料主要以维生素微量元素为主，需要提前配制，如果养牛场不具备预混料专

用搅拌设备时，需要购买配制好的肉牛专用预混料。

设计配方时原料种类多，在营养上可以互相取长补短，容易得到营养平衡而成本较低的配方；原料品种少，则质量容易控制。设计者应根据能得到的原料的实际情况，确定选用多少品种。

3. 确定某些原料的限制用量　某些原料由于含有抗营养因子或价格等其他原因，需要限量使用，应确定其限用数量。例如，小麦类饲料所含非淀粉多糖能使肠内容物黏度增加，用量最好不超过肉牛精饲料的30%。麸皮含有镁盐，大量饲喂具有轻泻作用，一般不超过20%。棉籽饼粕若未经解毒处理，在6月龄以上牛饲料中的比例最好不超过25%，犊牛则不应超过8%。菜籽饼粕也含有抗营养因子并且适口性差不应超过5%～10%，高档牛肉生产，在肉质改善期应当限喂青绿饲料。设计配方时对它们的用量都要加以适当限制。反刍动物禁用动物性饲料。

4. 计算配方　分手工计算法和计算机法。

（1）计算机法　现在最先进的方法是利用计算机软件进行配合饲料，方法是将不同畜禽的饲养标准以及饲料的种类、营养成分、价格等输入计算机，计算机程序会自动将配合饲料计算好，并打印出来。用于配方设计的软件很多，具体操作各异，但无论哪种配方软件，所用原理基本是相同的，计算机设计饲料配方的方法原理主要有线性规划法、多目标规划法、参数规划法等，其中最常用的是线性规划法原理，可优化出最低成本饲料配方。

（2）手工计算法　手工计算法包括四角法、试差法等。由于四角法受原料种类的限制。最常用的是试差法。具体步骤如下。

第一，查肉牛饲养标准，确定肉牛总的养分需要量，包括干物质、肉牛能量单位、粗蛋白质、钙、磷等的营养需要，还要考虑环境等对能量的额外需要。

第二，从饲料成分表中查出常用饲料的主要营养成分列出一表，供计算时使用，这样既方便，又不用反复查阅营养成分表，有条件的最好使用实测的原料养分含量值，这样可减少误差。

第三，计算或设定肉牛每日应给予的青、粗饲料的数量，以干物质基础，日粮中粗饲料比例一般在40%～60%。并计算出青粗饲料所提供的营养成分的数量。

第四，与饲养标准相比较，确定应由精料补充料提供的养分数量。

第五，精料补充料的配制。在确定差值后，可形成新的精料营养标准，选择好精料原料，草拟精料补充料配方，所占比例以不超过各种饲料原料使用上限为原则，用手算法或借助计算工具检查、调整精料配方，直到与标准相符合。

第六，钙、磷可用矿物质饲料来补充，食盐可另外添加，根据实际需要，再确定添加剂的添加量。最后将所有饲料原料提供的各种养分进行综合，与饲养标准相比较，并调整到与其基本一致（范围在± 5%）。

第七，列出肉牛日粮配方和所提供的营养水平，并附以精料补充料配方。

（三）饲料配方设计与计算方法

肉牛消化生理的特殊性，决定了在饲料配制上和单胃动物不同。牛不仅胃的容积大而且其构成与单胃动物也不相同。单胃动物只有 1 个胃（称为真胃），而牛是反刍动物有 4 个胃，分别称瘤胃、网胃、瓣胃和真胃。瘤胃、网胃和瓣胃称为前胃，胃壁没有胃腺，不分泌胃液。真胃有胃腺，可分泌胃液。肉牛对粗饲料利用的根本特点就在于它有膨大的瘤胃和网胃，瘤胃可供多种微生物栖息，采食的饲料首先在瘤胃、网胃内经过微生物发酵，再进入真胃和小肠，被机体进一步消化、利用。肉牛精料混合料又称精料补充料，是为补充肉牛青粗饲料的营养不足而配制的。因此，肉牛的饲料配方有两种：第一种是日粮配方，所谓肉牛日粮是指肉牛 1 昼夜所采食的各种饲料的总量，其中包括精饲料、粗

饲料和青绿多汁饲料等。第二种是精料补充料配方，先设计一个日粮配方，然后再由其中抽出精料补充料配方。

1. 试差法　设计肉牛日粮配方实例：生长育肥牛体重 400 千克、预期日增重 1 千克的舍饲肉牛日粮饲料配方，饲料品种有玉米青贮、玉米、麸皮、棉籽饼、磷酸氢钙、石粉。

第一步，查肉牛饲养标准，得知肉牛营养需要列表 4–1。

表 4–1　体重 400 千克、日增重 1 千克肉牛营养需要量

干物质（千克）	肉牛能量单位（个）	粗蛋白质（克）	钙（克）	磷（克）
8.56	6.27	866	33	20

第二步，在肉牛常用饲料营养价值表中查出所选饲料的营养成分含量（表 4–2），要根据自己原料的质量与饲料营养价值表饲料相对应，由于棉籽饼的质量取决于脱壳脱绒的程度，最好是实际测定。

表 4–2　饲料养分含量（干物质基础）

饲料名称	干物质（%）	肉牛能量单位（个 / 千克）	粗蛋白质（%）	钙（%）	磷（%）
玉米青贮	22.7	0.54	7.0	0.44	0.26
玉　米	88.4	1.13	9.7	0.09	0.24
麸　皮	88.6	0.82	16.3	0.20	0.88
棉 籽 饼	89.6	0.92	36.3	0.30	0.90
磷酸氢钙				23	16
石　粉				38.00	

第三步，自定精、粗饲料用量及比例。自定日粮中精饲料

占 50%，粗饲料 50%。由肉牛的营养需要可知每日每头牛需 8.56 千克干物质，所以每日每头由粗饲料（青贮玉米）应供给的干物质为 8.56 × 50%=4.28 千克，首先求出青贮玉米所提供的养分量和尚缺的养分量（表 4–3）。

表 4–3　粗饲料提供的养分量

	干物质（千克）	肉牛能量单位（个）	粗蛋白质（克）	钙（克）	磷（克）
需要量	8.56	6.27	866	33	20
4.28 千克青贮玉米干物质提供	4.28	2.31	300	18.83	11.13
尚　差	4.28	3.96	566	14.17	8.87

所以，由精饲料所提供的养分应为干物质 4.28 千克，肉牛能量单位 3.96，粗蛋白质 566 克，钙 14.17 克，磷 8.87 克。

第四步，根据经验试定各种精饲料用量并计算出养分含量（表 4–4）。

表 4–4　试定精饲料养分含量

饲料种类	用　量（千克）	干物质（千克）	肉牛能量单位（个）	粗蛋白质（克）
玉　米	2.7	2.386	2.696	231
麸　皮	0.6	0.532	0.436	86.7
棉籽饼	0.98	0.878	0.808	318.7
合　计	4.28	3.8	3.94	636.4

由表 4–4 可见拟定的日粮中的肉牛能量单位略低，应增加能量饲料；而粗蛋白质高，应相应减少蛋白质饲料，调整后精饲料养分含量如下（表 4–5）。

表 4–5　调整后精饲料养分含量

饲料种类	用　量（千克）	干物质（千克）	肉牛能量单位（个）	粗蛋白质（克）	钙（克）	磷（克）
玉　　米	2.9	2.564	2.897	248.7	2.3	6.15
麸　　皮	0.6	0.532	0.436	86.7	1.06	4.68
棉 籽 饼	0.78	0.699	0.643	253.7	2.10	6.29
合　　计	4.28	3.8	3.98	589.1	5.46	17.12
与标准比		0.48	+ 0.02	+ 23.1	8.71	+ 8.78

由表 4–5 可见干物质尚差 0.48 千克，在饲养实践中可适当增加青贮玉米喂量。日粮中的消化能和粗蛋白已基本符合要求，能量和蛋白符合要求后再看钙和磷的水平，钙磷的余缺用矿物质饲料调整，本例中磷已满足需要，不必考虑补钙又补磷的饲料，用石粉补足钙即可。

石粉用量 8.71 ÷ 0.38=22.9 克

混合料中另加 1% 食盐，约合 0.04 千克。

第五步，列出日粮配方与精料混合料的百分比组成（表 4–6）。

表 4–6　育肥牛日粮组成

	青贮玉米	玉　米	麸　皮	棉籽饼	石　粉	食　盐
供量（干物质态，千克）	4.28	2.564	0.532	0.699	0.023	0.04
供量（饲喂态，千克）	18.85	2.9	0.6	0.78	0.023	0.04
精料组成（%）	—	66.77	13.82	17.96	0.53	0.92

在实际生产中青贮玉米的喂量应增加 10% 的安全系数，即每头牛每天的投喂量应为 20.74 千克。精料混合料可按表 4–6 的

比例混合，每天每头的投喂量为 4.4 千克。

2. 对角线法 设计肉牛日粮配方实例：生长育肥牛体重 350 千克，预期日增重 1.2 千克的舍饲牛配合日粮。

第一步，查肉牛饲养标准，得知肉牛营养需要列表 4–7。

表 4–7 体重 350 千克、日增重 1.2 千克肉牛营养需要量

干物质（千克）	肉牛能量单位（个）	粗蛋白质（克）	钙（克）	磷（克）
8.41	6.47	889	38	20

第二步，在肉牛常用饲料营养价值表中查出所选饲料的营养成分含量（表 4–8）。

表 4–8 饲料养分含量（干物质基础）

饲料名称	干物质（%）	肉牛能量单位（个 / 千克）	粗蛋白质（%）	钙（%）	磷（%）
玉米青贮	22.7	0.54	7.0	0.44	0.26
玉　　米	88.4	1.13	9.7	0.09	0.24
麸　　皮	88.6	0.82	16.3	0.20	0.88
棉 籽 饼	89.6	0.92	36.3	0.30	0.90
磷酸氢钙				23	16
石　　粉				38.00	

第三步，自定精、粗饲料用量及比例。自定日粮中精饲料占 50%，粗饲料 50%。由肉牛的营养需要可知每日每头牛需 8.41 千克干物质，所以每日每头由粗饲料（青贮玉米）应供给的干物质质量为 8.41 × 50%=4.2 千克，首先求出青贮玉米所提供的养分量和尚缺的养分量（表 4–9）。

表 4–9　粗饲料提供的养分量

	干物质（千克）	肉牛能量单位（个）	粗蛋白质（克）	钙（克）	磷（克）
需要量	8.41	6.47	889	38	20
4.2 千克青贮玉米干物质提供	4.2	2.27	294	18.48	10.92
尚　差	4.21	4.20	595	19.52	9.08

所以，由精饲料所提供的养分应为干物质 4.21 千克，肉牛能量单位 4.2，粗蛋白质 595 克，钙 19.52 克，磷 9.08 克。

第四步，求出各种精饲料和拟配混合料粗蛋白质 / 肉牛能量单位比。

玉米 =97/1.13=85.84

麸皮 =163/0.82=198.78

棉饼 =363/0.92=394.57

拟配精料混合料 =595/4.20=141.67

第五步，用对角线法算出各种精饲料用量。

①先将各精饲料按蛋白能量比分为二类，一类高于拟配混合料，一类低于拟配混合料，然后一高一低两两搭配成组。本例高于 141.67 的有麸皮和棉籽饼，低的有玉米。因此，玉米既要和麸皮搭配，又要和棉籽饼搭配，每组画一个正方形。将 3 种精饲料的蛋白能量比置于正方形的左侧，拟配混合料的蛋白能量比放在中间，在两条对角线上做减法，大数减小数，得数是该饲料在混合料中应占有的能量比例数。

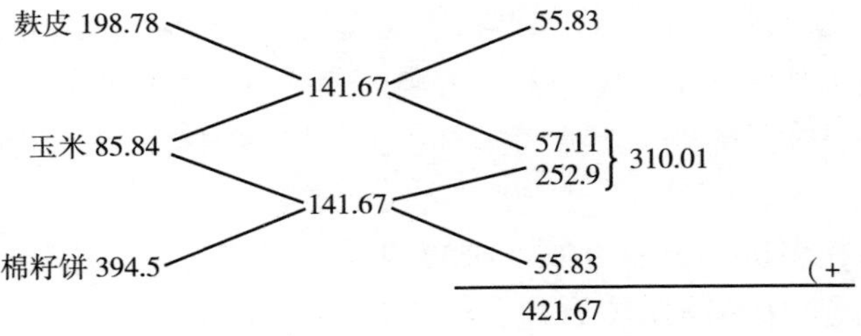

②本例要求混合精料中肉牛能量单位是4.20，所以应将上述比例算成总能量4.2时的比例，即将各饲料原来的比例数分别除各饲料比例数之和，再乘4.2。然后将所得数据分别被各原料每千克所含的肉牛能量单位除，就得到这三种饲料的用量了。

玉米：$310.01\times\frac{4.20}{421.67}\div 1.13=2.73$（千克）

麸皮：$55.83\times\frac{4.20}{421.67}\div 0.82=0.68$（千克）

棉籽饼：$55.83\times\frac{4.20}{421.67}\div 0.92=0.60$（千克）

第六步，验算精料混合料养分含量（表4-10）。

表4-10　精料混合料养分含量

饲料	用量（千克）	干物质（千克）	肉牛能量单位（个）	粗蛋白质（克）	钙（克）	磷（克）
玉米	2.73	2.41	3.08	264.81	2.46	6.55
麸皮	0.68	0.60	0.56	110.84	1.36	5.98
棉籽饼	0.60	0.54	0.55	217.8	1.80	5.40
合计	4.01	3.55	4.19	593.5	7.62	17.93
与标准比		−0.66	−0.01	−1.5	−11.9	+8.85

由表4-10可以看出，精料混合料中肉牛能量单位和粗蛋白质含量与要求基本一致，干物质尚差0.66千克，在饲养实践中可适当增加青贮玉米喂量。钙、磷的余缺用矿物质饲料调整，本例中磷已满足需要，不必考虑补钙又补磷的饲料，用石粉补足钙即可。

石粉用量 $11.9\div 0.38=31.32$ 克

混合料中另加1%食盐，约合0.04千克。

第七步，列出日粮配方与精料混合料的百分比组成（表4–11）。

表 4–11　育肥牛日粮组成

	青贮玉米	玉　米	麸　皮	棉籽饼	石　粉	食　盐
供量（干物质态，千克）	4.2	2.73	0.68	0.60	0.031	0.04
供量（饲喂态，千克）	18.5	3.09	0.77	0.67	0.031	0.04
精料混合料组成（%）	—	67.16	16.74	14.56	0.67	0.87

在实际生产中青贮玉米的喂量应增加 10% 的安全系数，即每头牛每天的投喂量应为 20.35 千克。精料混合料可按表 4–11 的比例混合，每天每头的投喂量为 4.6 千克。

3. 计算机设计法　随着计算机的普及，国内外相继推出了不少饲料配方软件。包括购买商业化软件、网络软件、互联网上在线配方系统、微软办公软件 Microsoft Office Excel 等，这些软件各具特色，但大多是依据 Excel 中规划求解的原理开发的。

目前常用的商业化软件有美国百瑞尔（Brill）、资源配方师等，主要包括两个管理系统，原料数据库和营养标准数据库管理系统、优化计算配方系统，可以根据使用说明进行操作。互联网上在线配方系统可以为用户提供网上专家配方服务和交流。中国农业科学院畜牧研究所已研制出我国第一代网络远程交换的畜禽饲料配方设计与咨询系统

对熟练掌握计算机应用技术的人员，除了购买现成的配方软件外，还可以应用 Excel（电子表格）等进行配方设计，非常经济实用，这方面报道很多，如潘正义（1996）、韩友文（1999）详细描述了应用 Microsoft Office Excel 设计饲料配方的方法。

第五章
秸秆养母牛的饲养管理与繁殖技术

由于肉牛的饲养阶段不同，营养需要差距很大，如果各阶段混养，会造成有的牛营养缺乏，有的牛营养过剩，不仅增加养殖成本，还会降低生产性能。因此，应当推广肉牛阶段饲养技术，使相同阶段的牛在一起饲养。

一、犊牛的饲养管理

犊牛是指从初生至断奶阶段的小牛。这阶段的主要任务是提高犊牛成活率，给育成期牛的生长发育打下良好基础。

犊牛阶段又可分为初生期（出生至 7 日龄）和哺乳期（8 日龄至断奶）两阶段。由于肉用母牛泌乳性能较差，所以肉用犊牛一般采取“母—犊”饲养法，即随母哺乳法。

（一）初 生 期

初生期是犊牛由母体内寄生生活方式变为独立生活方式的过渡时期；初生犊牛消化器官尚未发育健全。瘤网胃只有雏形而无功能；真胃及肠壁虽初具消化功能，但缺乏黏液，消化道黏膜易受细菌入侵。犊牛的抗病力、对外界不良环境的抵抗力、适应性和调节体温的能力均较差，因此新生犊牛容易受各种病菌的侵袭而引起疾病，甚至死亡。

1. 消除黏液 初生犊牛的鼻和身上沾有许多黏液。若是正常分娩，母牛会舔去犊牛身上的黏液，此举有助于刺激犊牛呼吸和加强血液循环。若母牛不能舔掉黏液，则要用清洁毛巾擦干，避免受凉，尤其要注意擦掉口、鼻中的黏液，防止呼吸受阻，若已造成呼吸困难，应将其倒挂，并拍打胸部，使黏液流出。

通常情况下，犊牛的脐带自然扯断。未扯断时，用消毒剪刀在距犊牛腹部6～8厘米处剪断脐带，将脐带中的血液和黏液挤挣，用5%～10%碘酊浸泡2～3分钟即可，切记不要将药液灌入脐带内。断脐不要结扎，以自然脱落为好。另外，剥去犊牛软蹄。犊牛想站立时，应帮助其站稳。

2. 早喂初乳 初乳即母牛分娩后7天内分泌的母乳。初乳的营养丰富，尤其是蛋白质、矿物质和维生素A的含量比常乳高。在蛋白质中含有大量的免疫球蛋白，对增强犊牛的抗病力具有重要作用。初乳中含镁盐较多，有助于犊牛排出胎粪。初乳中还含有溶菌酶，具有杀灭各种病菌功能，同时初乳进入胃肠具有代替胃肠壁黏膜作用，阻止细菌进入血液。初乳也能促进胃肠功能的早期活动，分泌大量的消化酶。从犊牛本身来说，初生犊牛胃肠道对母体原型抗体的通透性在出生后很快开始下降，约在18小时就几乎丧失殆尽。在此期间如不能吃到足够的初乳，对犊牛的健康就会造成严重的威胁。犊牛出生后应尽量让其在0.5～2小时吃上初乳，方法是在犊牛能够自行站立时，让其接近母牛后躯，吮吸母乳。对个别体弱的可人工辅助，挤几滴母乳于洁净手指上，让犊牛吮吸其手指，而后引导到乳头助其吮乳。为保证犊牛哺乳充分，应给予母牛充分的营养。

（二）哺 乳 期

这一阶段是犊牛体尺体重增长及胃肠道发育最快的时期，尤以瘤、网胃的发育最为迅速，此阶段犊牛的可塑性很大，直接影响其成年后的生产性能。

1. 哺乳 自然哺乳即犊牛随母吮乳，肉用牛较普通。一般是在母牛分娩后，犊牛直接哺食母乳，同时进行必要的补饲。一般在出生后 3 个月以内，母牛的泌乳量可满足犊牛生长发育的营养需要，3 个月以后母牛的泌乳量逐渐下降，而犊牛的营养需要却逐渐增加，如犊牛在这个年龄的生长受阻很难补偿。自然哺乳时应注意观察犊牛哺乳时的表现，当犊牛哺乳频繁地顶撞母牛乳房，而吞咽次数不多，说明母牛奶量少，犊牛不够吃，应加大补饲量；反之，当犊牛吮吸一段时间后，犊牛口角已出现白色泡沫时，说明犊牛已经吃饱，应将犊牛拉开，否则容易造成犊牛哺乳过量而引起消化不良。一般而言，大型肉牛平均日增重 700～800 克，小型肉牛平均日增重 600～700 克，若增重达不到上述水平的需求，应增加母牛的补饲量，或对犊牛直接增加补料量。传统的哺乳期为 5～6 月龄，规模母牛场一般可实行 2～3 月龄断奶，但犊牛必须加强营养，实施早期补饲。

对于饲养产奶量高的兼用牛，如西门塔尔牛，通常可以挤奶增加收入；另外随着肉牛牛源紧张，奶公犊用于育肥越来越多，因此犊牛也采取人工哺乳。人工哺乳包括用桶直接喂和带乳头的哺乳壶或桶饲喂两种。用桶喂时应将桶固定好，防止撞翻，通常采用一手持桶，另一手中指及食指浸入乳中使犊牛吮吸。当犊牛吮吸指头时，慢慢将桶提高使犊牛口紧贴牛奶而吮饮，习惯后则可将指头从口拔出，并放于犊牛鼻镜上，如此反复几次，犊牛便会自行哺饮初乳。用奶壶喂时要求奶嘴光滑牢固，以防犊牛将其拉下或撕破。在奶嘴顶部用剪子剪一个“十”字，这样会使犊牛用力吮吸，避免强灌（图 5–1、图 5–2）。喂奶方案多采用“前高后低”，即前期喂足奶量，后期少喂奶，多喂精、粗饲料。下面介绍两种哺乳方案。

方案一：510 千克全乳，90 天哺乳期。1～10 日龄，5 千克 / 天；11～20 日龄，7 千克 / 天；21～40 日龄，8 千克 / 天；41～50 日龄，7 千克 / 天；51～60 日龄，5 千克 / 天，61～80 日龄，4 千克 / 天；81～90 日龄，3 千克 / 天。

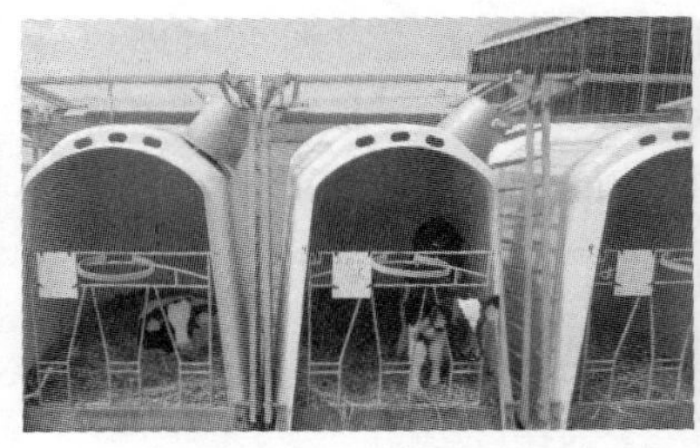

5–1　带有奶嘴的特制奶桶　　5–2　犊牛哺乳（于春起提供）

方案二；200～250 千克全乳，45～60 天哺乳期。1～20 日龄，6 千克 / 天；21～30 日龄，4～5 千克 / 天，31～45 日龄，3～4 千克 / 天；46～60 日龄，0～2 千克 / 天。

对于购买奶公犊育肥，如何提高奶公犊的成活率是每位饲养者关心的问题。可以饲养产奶量高的西门塔尔牛产奶饲喂，也可以使用代乳粉，目前使用效果确定的代乳粉包括奥耐尔公司生产的奥氏代乳粉。如果购买刚出生后的犊牛，到场后应饲喂初乳。12 小时内吃够 6 升，尽可能采用人工饲喂，必要时可用胃管灌服。可以在奶牛场购买 2～5 胎健康奶牛的初乳（最好产犊 6 小时之内的初乳），为了保障初乳质量，不要购买：①稀薄像水样的初乳；②含血的初乳；③患乳腺炎母牛的初乳；④头胎牛和新购进牛的初乳；⑤产犊前挤奶或有严重初乳漏奶母牛的初乳。初乳装入 4 千克的初乳袋，贴好标签，标记采集日期、母牛编号以及测量质量，进行速冻保存，备用。但注意冻乳不能反复地冷冻解冻。如果用经常使用的家用冰箱，保存时间不要超过 6 个月。初乳饲喂前在 60℃下温水水浴解冻，奶温在 38℃时饲喂；超过 60℃会破坏免疫球蛋白。

最好购买出生 2 周以后的犊牛，已经具备了一定抗运输应激、疾病等能力，成活率高。每天定时饲喂牛奶 2～3 次，水浴加热至 39～42℃；如果使用代乳粉，按 1∶8 的比例用 50～60℃的温开水冲调成代乳奶，冬季的水温可稍高一些，注

意千万不要用滚开的水。待代乳奶温度降至适宜温度时即可转移至犊牛奶瓶或小桶内饲喂。饲喂牛奶的温度非常重要，低于38℃时犊牛易发生腹泻。哺乳期犊牛最好用奶瓶或带有奶嘴的特制奶桶喂乳，保证犊牛前期食管沟闭合完全，预防犊牛肚胀。群养时要按大小分群，以便于对每一头犊牛的采食量进行总量控制，同时便于管理。饲喂器具每次用完应进行清洗和消毒。每天早、晚两次刷拭牛体，保持牛体清洁。牛圈 3 天消毒 1 次，每天清粪 1 次。自由饮水，水质清洁。15 日龄内饮温水，冬季水温保证在 15℃以上。圈舍要冬暖夏凉，温度保持在 15℃左右，通风良好，保持舍床干燥。

2. 补饲　传统的肉用犊牛的哺乳期一般为 6 个月，纯种肉牛养殖一般不实行早期断奶；我国的黄牛属于役肉兼用种，也不实行早期断奶，因此也不采取早期补饲方式。最近研究证明，早期断奶可以显著缩短母牛的产后发情间隔时间，使母牛早发情、早配种、早产犊，缩短产犊间隔，提高母牛的终生生产力和降低生产成本。另一方面，由于西门塔尔改良牛产奶量高，所以在挤奶出售的情况下，实行犊牛早期断奶也是非常有利的。实行犊牛早期断奶，犊牛的提早补饲至关重要。早期喂给优质干草和精饲料，促进瘤胃微生物的繁殖，可促使犊牛瘤胃的迅速发育。

从 1 周龄开始，在牛栏的草架内添入优质干草（如豆科青干草等），训练犊牛自由采食，以促进瘤、网胃发育。母代犊补饲栏见图 5–3、图 5–4。

出生后 10～15 天开始训练犊牛采食精饲料，初喂时可将少许牛奶洒在精饲料上，或与调味品一起做成粥状，或制成糖化料，涂擦犊牛口、鼻，诱其舔食。开始时日喂干粉料 10～20 克，到 1 月龄时，每天可采食 150～300 克，2 月龄时可采食到 500～700 克，3 月龄时可采食到 750～1 000 克。犊牛料的营养成分对犊牛生长发育非常重要，可结合本地条件，确定配方和喂量。常用的犊牛料配方举例如下：

5–3　散放母牛运动场犊牛补饲栏

5–4　散放母牛运动场犊牛补饲栏

配方一：玉米 30%，燕麦 20%，小麦麸 10%，豆饼 20%，亚麻籽饼 10%，酵母粉 10%，维生素矿物质 3%。

配方二：玉米 50%，豆饼 30%，小麦麸 12%，酵母粉 5%，碳酸钙 1%，食盐 1%，磷酸氢钙 1%。（对于 0～90 日龄犊牛每吨料内加多种维生素 50 克）。

配方三：玉米 50%，小麦麸 15%，豆饼 15%，棉籽粕 13%，酵母粉 3%，磷酸氢钙 2%，食盐 1%，微量元素、维生素、氨基酸复合添加剂 1%。

青绿多汁饲料如胡萝卜、甜菜等，犊牛在 20 日龄时开始补喂，以促进消化器官的发育。每天先喂 20 克，到 2 月龄时可增加至 1～1.5 千克，3 月龄为 2～3 千克。

青贮饲料可在 2 月龄开始饲喂，每天 100～150 克，3 月龄时 1.5～2 千克，4～6 月龄时 4～5 千克。应保证青贮饲料品质优良，防止用酸败、变质及冰冻青贮饲料喂犊牛，以免腹泻。

（三）犊牛的管理

1. 犊牛的管理要做到“三勤” 即勤打扫，勤换垫草，勤观察。并做到“喂奶时观察食欲、运动时观察精神、扫地时观察粪便”。健康犊牛一般表现为机灵、眼睛明亮、耳朵竖立、被毛闪光，否则就有生病的可能。特别是患肠炎的犊牛常常表现为眼窝下陷、耳朵垂下、皮肤包紧、腹部卷缩、后躯粪便污染；

患肺炎的犊牛常表现为耳朵垂下、伸颈张口、眼中有异样分泌物。其次注意观察粪便的颜色和黏稠度及肛门周围和后躯有无脱毛现象，脱毛可能是营养失调而导致腹泻。另外，还应观察脐带，如果脐带发热肿胀，可能患有急性脐带感染，还可能引起败血症。

2. 犊牛的管理要做到“三净” 即饲料净、畜体净和工具净。

（1）饲料净 是指牛饲料不能有发霉变质和冻结冰块现象，不能含有铁丝、铁钉、牛毛、粪便等杂质。商品配合料超过保存期禁用，自制混合料要现喂现配。夏天气温高时，饲料拌水后放置时间不宜过长。

（2）畜体净 就是保证犊牛不被污泥浊水和粪便等污染，减少疾病发生。坚持每天1～2次刷拭牛体，促进牛体健康和皮肤发育，减少体内外寄生虫病。刷拭时可用软毛刷，必要时辅以硬质刷子，但用劲宜轻，以免损伤皮肤。冬天牛床和运动场上要铺放麦秸、稻（麦）（壳）或锯末等褥草垫物。夏季运动场宜干燥、遮阴，并且通风良好。

（3）工具净 是指喂奶和喂料工具要讲究卫生。如果用具脏，极易引起犊牛腹泻、消化不良、臌气等病症。所以，每次用完的奶具、补料槽、饮水槽等一定要洗刷干净，保持清洁。

3. 防止舐癖 牛舐癖指犊牛互相吮吸，是一种极坏的习惯，危害极大。其吮吸部位包括嘴巴、耳朵、脐带、乳头、牛毛等。吮吸嘴巴易造成传染病；吮吸耳朵在寒冷情况下容易造成冻疮；吮吸脐带容易引发脐带炎；吮吸乳头导致犊牛成年后瞎乳头；吮吸牛毛容易在瘤胃内形成许多大小不一的扁圆形毛球，久之往往堵塞食管沟或幽门而致死。防止舐癖，犊牛与母牛要分栏饲养，定时放出哺乳，犊牛最好单栏饲养；其次犊牛每次喂奶完毕，应将犊牛口、鼻部残奶擦净。对于已形成舐癖的犊牛，可在鼻梁前套一小木板来纠正。同时，避免用奶瓶喂奶，最好使用水桶。犊牛要有适度的运动，随母在牛舍附近牧场放牧，放牧时适当放慢

行进速度，并保证休息时间。

4. 做好定期消毒　冬季每月至少进行1次，夏季10天1次，用氢氧化钠、石灰水或来苏儿对地面、墙壁、栏杆、饲槽、草架全面彻底消毒。如发生传染病或有死畜现象，必须对其所接触的环境及用具做临时突击消毒。

5. 称重和编号　留作种用的犊牛，称重应按育种和实际生产的需要进行，一般在初生、6月龄、周岁、第一次配种前应予以称重。在犊牛称重的同时，还应进行编号，编号应以易于识别和结实牢固为标准。生产中应用比较广泛的是耳标法——耳标有金属的和塑料的，先在金属耳标或塑料耳标上打上号码或用不褪色的色笔写上号码，然后固定在牛的耳朵上。

6. 犊牛调教　对犊牛从小调教，使之养成温顺的性格，无论对于育种工作，还是成年后的饲养管理与利用都很有利。未经过良好调教的牛，性格怪僻，人不易接近，不仅会给测量体尺、称重等育种工作带来麻烦，甚至会发生牛顶撞伤人等现象。对牛进行调教，就是管理人员要用温和的态度对待牛，经常抚摸牛，刷拭牛体，测量体温、脉搏，日子久了，就能养成犊牛温顺的性格。

7. 去角　一般在出生后的15天左右进行。将专用去角器（电烙器）加热到一定温度后，牢牢地按压在角基部直到其角周围下部组织为古铜色为止，需15～20秒钟。烙烫后涂以青霉素软膏。

8. 去势　是否去势要根据生产目的而定，去势日增重会有所下降，阉牛生长速度比公牛慢10%左右，而脂肪沉积增加，肉质量得到改善，适于生产高档牛肉。如果是生产普通牛肉就不需要对牛加以阉割。生产高档牛肉，一般小公牛4～5月龄去势。太早容易形成尿结石，太晚影响牛肉等级。阉割的方法有手术法、去势钳、锤砸法和注射法等。

9. 犊牛断奶　应根据当地实际情况和补饲情况而定。一般不提倡3周龄以下断奶。因为太早期的断奶所需配制的代乳料要求质量高，成本大。适时早期断奶主要是为了缩短母牛产后的发情间隔时间和生产小牛肉时需要；对于饲养乳肉或肉乳兼用牛，产奶量较高，可挤奶出售，因而减少犊牛用奶量、降低成本才是其另一目的。

据李英等报道，犊牛出生后50～60天强行断奶，母牛的产后发情时间平均为69 ± 7天，比犊牛未早期断奶的哺乳母牛产后发情时间98.8 ± 24.6天提前了29天。他们进一步的研究发现：母牛分娩后乏情的原因并不是由于促乳素含量高，而是由于犊牛的哺乳行为对母牛乳头的刺激使乳头的感受器兴奋，经神经传导入下丘脑，造成促性腺激素释放激素（GnRH）分泌抑制的结果。可见，对犊牛实行早期断奶是缩短母牛产后发情间隔时间简便而有效的手段。早期断奶时间一般为2～3月龄。

断奶应采用循序渐进的办法。当犊牛日采食固体料达1千克左右，且能有效的反刍时，便可断奶，同时要注意固体饲料的营养品质与营养补充，并加强日常护理。另外，在预定断奶前15天，要开始逐渐增加精、粗饲料喂量，减少牛奶喂量。日喂奶次数由3次改为2次，2次再改为1次，然后隔日1次。自然哺乳的母牛在断奶前1周即停喂精饲料，只给粗饲料和干草、稻草等。使其泌乳量减少。然后把母、犊分离到各自牛舍，不再哺乳。断奶第一周，母、犊可能互相呼叫，应进行相互隔离饲养，不让互相接触。

二、育成牛的饲养管理与初次配种

育成牛指断奶后到配种前的母牛。计划留作后备牛的犊牛在4～6月龄时选出，要求生长发育好、性情温顺、省草省料而又增重快，留作本群繁殖用。但留种用的牛不得过胖，应该具备结实的体质。

（一）育成牛的饲养

为了增加消化器官的容量，促进其充分发育，育成母牛的饲料应以粗饲料和青贮饲料为主，精饲料只作蛋白质、钙、磷等的补充。

1. 育成牛 3～6 月龄　可采用的日粮配方为犊牛料 2 千克，干草或秸秆 1.4～2.1 千克或秸秆青贮饲料 5～10 千克。

2. 育成牛 7～12 月龄　为了兼顾育成牛生长发育的营养需要并促进消化器官进一步发育完善，此期饲喂的粗料应选用青干草（或处理后的作物秸秆）、秸秆青贮饲料，同时还必须适当补充一些精饲料。一般日粮中干物质的 75% 应来源于青粗饲料，25% 来源于精饲料。精料混合料可采用如下配方：玉米 46%，麸皮 31%，高粱 5%，大麦 5%，酵母粉 4%，叶粉 3%，食盐 2%，磷酸氢钙 4%。日喂精料混合料 2 千克左右，青干草或秸秆 0.5～2 千克，玉米青贮饲料 11 千克。

3. 育成牛 13～18 月龄　为了促进育成牛性器官的发育，其日粮要尽量增加青贮饲料、块根、块茎饲料的喂量。由于此时母牛既无妊娠负担，又无产奶负担，所以日粮只要保证母牛的生长所需即可。一般情况下，用好的干草、青贮饲料、半干青贮饲料就能满足母牛的营养需要，使日增重达到 0.6～0.65 千克，可不喂精饲料或少喂精饲料（每头牛每日 0.5 千克以下）；但在大量饲喂秸秆饲料，优质青干草、多汁饲料不足和计划较高日增重的情况下，则必须每头牛每日加喂 1～1.3 千克精饲料。精料混合料可采用配方一：玉米 40%，豆饼 26%，麸皮 28%，尿素 2%，食盐 1%，预混料 3%；配方二：玉米 35%，葵花饼 27%，麸皮 26%，高粱 7.5%，碳酸钙 2%，磷酸氢钙 1.5%，食盐 1%。

4. 育成牛 18～24 月龄　进入配种繁殖期。日粮应以优质干草、青草、青贮饲料和多汁饲料及氨化秸秆作基本饲料，根据粗

饲料品质适量喂精饲料。但到妊娠后期，由于胎儿生长迅速，需较多营养物质，另一方面为了避免压迫胎儿，要求日粮体积要小，此时应采用提高日粮营养物质浓度，减少粗饲料，增加精饲料。应每日补充2～3千克精饲料。如有放牧条件，应以放牧为主。在优良草地上放牧，精饲料可减少20%～40%；放牧回舍，如未吃饱，应补喂干草和多汁饲料。

（二）育成牛的管理

1. 分群 犊牛断奶后根据性别和年龄情况进行分群。首先是公、母牛分开饲养，因为公母牛的发育和对饲养管理条件的要求不同；分群时同性别内年龄和体格大小应该相近，月龄差异一般不应超过2个月，体重差异不高于30千克。

2. 加强运动 在舍饲条件下，青年母牛每天应至少有2小时以上的运动，一般采取自由运动。在放牧的条件下，运动时间一般足够。加强育成牛的户外运动，可使其体壮胸阔，心肺发达，食欲旺盛。如果精饲料过多而运动不足，容易发胖，早熟早衰，利用年限短。

3. 刷拭和调教 为了保持牛体清洁，促进皮肤代谢和养成温驯的气质，育成牛每天应刷拭1～2次，每次5～10分钟。

4. 放牧管理 采用放牧饲养时，要严格把公牛分出单放，以免偷配而影响牛群质量。对周岁内的小牛宜近牧或放牧于较好的草地上。冬、春季应采用舍饲。

（三）育成牛的初次配种

1. 初情期 犊牛出生以后，随着年龄的增长及各系统的发育，生殖系统的结构与功能也日趋完善和成熟。母牛达到初情期的标志是初次发情。在初情期，母牛虽然开始出现发情征状，但这时的发情是不完全、不规则的，而且常不具备生育力。肉用育成牛初情期一般在6～12月龄。

2. 性成熟 性成熟指的是母牛有完整的发情表现，可排出能受精的卵子，形成了有规律的发情周期，具备了繁殖能力，叫作性成熟。性成熟是牛的正常生理现象。性成熟期的早晚与品种、性别、营养、管理水平、气候等遗传方面和环境方面的多种因素有关，也是影响肉牛生产的因素之一。例如，小型早熟品种甚至在哺乳期（6～8 月龄）内就可达到性成熟；而大型、晚熟品种，则需长到 12 月龄或更晚。幼牛在生长期如果一直处于营养状况良好的条件下，可比营养不良的牛性成熟早 4～6 个月。放牧牛在气候适宜、牧草丰盛的条件下性成熟早，反之就晚。春、夏季出生的母牛性成熟较早，秋、冬季出生的母牛性成熟较晚。

性成熟的母牛虽然已经具有了繁殖后代的能力，但母牛的机体发育并未成熟，全身各器官系统尚处于幼稚状态，此时尚不能参加配种，承担繁殖后代的任务。过早配种对育成母牛的不良影响。有的在育成母牛尚未到 12 月龄，就已使之受胎。这种现象会对母牛后期生长发育产生不良影响，因为此时的育成母牛身体的生长发育仍未成熟，还需要大量的营养物质来满足自身的生长发育需要，倘若过早地使之配种受胎，则不仅会妨碍母牛身体的生长发育，造成母牛个体偏小，分娩时由于身体各器官系统发育不成熟而易于难产，而且会使母腹中的胎儿由于得不到充足的营养而体质虚弱，发育不良，甚至娩出死胎。

3. 体成熟 体成熟是指公、母牛骨骼、肌肉和内脏各器官已基本发育完成，而且具备了成年时固有的形态和结构。因此，母牛性成熟并不意味着配种适龄，因为在整个个体的生长发育过程中，体成熟期要比性成熟期晚得多，这时虽然性腺已经发育成熟，但个体发育尚未完善。育成母牛交配过早，不仅会影响其本身的正常发育和生产性能，缩短利用年限，并且会影响到幼犊的生活力和生产性能。只有当母牛生长发育基本完成时，其机体具有了成年牛的结构和形态，达到体成熟时才能参加配种。通常肉

牛的初次输精（配种）适龄在14月龄以上，或体重达到成年体重的70%。

一般来说，性成熟早的母牛，体成熟也早，可以早点配种、产犊，从而提高母牛终生的产犊数并增加经济效益。育成母牛初配年龄应在加强饲养管理和培育的基础上，根据其生长发育和健康状况而决定，只有发育良好的育成母牛才可提前配种。这样可提高母牛的生产性能，降低生产成本。

三、空怀母牛的饲养管理

空怀母牛的饲养管理主要是提高受配率、受胎率，充分利用秸秆等粗饲料，降低饲养成本。繁殖母牛在配种前应具有中上等膘情，过瘦过肥往往影响繁殖。在肉用母牛的饲养管理中，如果精饲料过多而又运动不足，造成母牛过肥，不发情。但在营养缺乏（如只喂秸秆）、母牛瘦弱的情况下，也会造成母牛不发情而影响繁殖。瘦弱母牛配种前1～2个月加强饲养，在粗饲料为秸秆时应适当补饲精饲料，并注意补充蛋白质、微量元素和维生素（A和E），提高受胎率，精料配方参考如下：玉米55%，饼类20%，麸皮22%，石粉1%，食盐1%，微量元素、维生素1%。有些地区饲养母牛，充分利用玉米秸秆，补给1千克左右的精饲料（玉米和麸皮），在槽旁放置尿素舔砖供自由舔食，取得了较好的效果；如果没有舔砖，应购买肉牛专用预混料添加到玉米和麸皮中，并适当加些尿素（每天50克左右）。

母牛产后开始出现发情平均为产后34天（20～70天）。一般母牛产后1～3个情期，发情排卵比较正常，随着时间的推移，犊牛体重增大，消耗增多，如果不能及时补饲，往往母牛膘情下降，发情排卵受到影响。因此，产后多次错过发情期，则情期受胎率会越来越低。如果出现此种情况，应及时进行直肠检查，摸清情况，慎重处理。

母牛出现空怀，应根据不同情况加以处理。造成母牛空怀的原因，有先天和后天两个方面。先天不孕一般是由于母牛生殖器官发育异常，如子宫颈位置不正、阴道狭窄、幼稚病、异性孪生的母犊和两性畸形等，先天性不孕的情况较少，在育种工作中淘汰那些隐性基因的携带者，就能加以解决。后天性不孕主要是由于营养缺乏，饲养管理及生殖器官疾病所致。

成年母牛因饲养管理不当造成不孕，在恢复正常营养水平后，大多能够自愈。在犊牛时期由于营养不良致生长发育受阻，影响生殖器官正常发育而造成的不孕，则很难用饲养方法补救。若育成母牛长期营养不足，则往往导致初情期推迟，初产时出现难产或死胎，并且影响以后的繁殖力。

另外，改善饲养管理条件，增加运动和日光浴可增强牛群体质，提高母牛的繁殖能力。牛舍内通风不良，空气污浊，夏季闷热，冬季寒冷，过度潮湿等恶劣环境极易危害牛体健康，敏感的个体，很快停止发情。因此，改善饲养管理条件十分重要。

四、妊娠母牛的饲养管理

肉用母牛的妊娠期一般为 270～290 天，平均为 280 天，妊娠期分为妊娠前期、妊娠中期和妊娠后期。妊娠期母牛饲养管理的好坏，不仅决定着母牛和犊牛的健康，还关系到母牛的下一次繁殖怀胎以及犊牛发育的快慢。因此，此阶段母牛饲养要以促进胎儿的发育，降低死胎率，提高产犊率为目的，科学饲养管理。

（一）适宜的母牛膘情

判断母牛膘情的简易方法：离牛 1～1.5 米处观察，看到 4 根以上肋骨说明偏瘦；看不到肋骨说明偏肥；能看到 3 根肋骨说明膘情适中（图 5–5）。

太瘦

太肥

适中

图 5–5　母牛的膘情

（二）饲喂技术

妊娠期母牛饲养要点是保证母牛的营养需要和做好保胎工作。妊娠后期胎儿生长发育迅速，母牛动用体内储藏的养分供给胎儿生长发育。如妊娠期营养不足，母牛产后体况较差，产奶不足，会影响犊牛的初生重、哺乳犊牛的日增重及母牛的产后发情。营养过剩会使母牛发胖，生活力下降，同时影响繁殖（难产）和健康，一般应保持中等膘情。

1. 妊娠前期　妊娠前期（妊娠 0～3 个月）胚胎生长发育缓慢，主要以母体生长发育为主。此时母牛营养需要量不大，不必为母牛额外增加营养，保证中上等膘情即可，不可过肥。营养的补充应以青粗饲料为主，适当搭配少量精饲料。要保证维生素（预混料）及微量元素（舔砖）的供给。粗料以麦秸、稻草、玉

米秸等干秸秆为主时，必须搭配优质豆科牧草，补饲饼粕类饲料，也可以用尿素代替部分饲料蛋白。根据膘情补加精料混合料 1 千克左右，参考喂量见表 5–1，饲料配方参考表 5–2。

表 5–1　妊娠期参考配方（千克）

阶　段	粗饲料组成及饲喂量			精料混合料①饲喂量	精料混合料②饲喂量
	玉米秸秆黄贮	全株玉米青贮	稻草或麦秸		
妊娠前、中期	18	–	2	1	–
	–	15.5	4	–	0.5 左右
妊娠后期	17	–	2	2.5	–
	–	18	2.5	–	1–2

表 5–2　精料混合料配方

原　料	配方 1	配方 2
玉　米	41	11
麸　皮	20	25
小　麦	–	13
玉米皮	15	15
菜籽粕	7	7
棉籽粕	8	20
葵花粕	5	5
预混料	4	4

注：预混料包括：维生素 A、D、E，微量元素铁、铜、锌、锰、钴、硒、碘，食盐，钙等

2. 妊娠中期　妊娠中期（妊娠 4～6 个月）胎儿增重加快，此期的重点是保证胎儿发育所需要的营养。根据膘情可适当补充

营养，但要防止母牛过肥和难产。故此期应适量增加精料喂量，多给蛋白质含量高的饲料。可每天补喂 1～2 千克精饲料。

3. 妊娠后期　妊娠后期（妊娠 7 个月至分娩）胎儿生长发育速度快，营养需要大。胎儿的大脑、骨骼和神经系统发育较快，其生长占整个发育期的 70% 左右，要保证胎儿的正常生长和母体营养的储备，保证营养的供给，营养的补充以精饲料为主，但日粮饲喂量不能过多，避免胎儿过大。要注意补充维生素 A、钙、磷等维生素和微量元素。粗饲料以秸秆青贮饲料、干秸秆为主，精饲料要营养全价、维生素和矿物质含量高。每天补充精饲料 2～3 千克，粗饲料要占 70%～75%，精饲料占 30%～25%。参考喂量见表 5-1，饲料配方参考表 5-2。

妊娠母牛以放牧为主时，青草季节应尽量延长放牧时间，一般可不补饲。枯草季节，根据牧草质量和母牛的营养需要确定补饲草料的种类和数量；特别是妊娠后期，如这时正值枯草季，应重点进行维生素 A 的补饲，否则会引起犊牛发育不良，体质衰弱，母牛产奶量不足。在冬季每头牛每天可补饲 0.5～1 千克的胡萝卜，另外补充蛋白质、能量饲料及矿物质的需要，每头妊娠母牛每天补饲 2～3 千克精料混合料。

精饲料和多汁饲料较少时，可采用先粗后精的顺序饲喂，即先喂粗料，待牛吃半饱后，在粗饲料中拌入部分精饲料或多汁料碎块，引诱牛多采食，最后把余下的精饲料全部投饲，吃净后下槽。妊娠牛饲喂棉籽饼、菜籽饼、酒糟等饲料应控制用量，按精饲料计算棉籽饼用量不超过 10%，菜籽饼不超过 8%，鲜酒糟日喂量按体重大小不超过 4～8 千克。

利用大豆秸秆饲养肉用繁殖母牛技术。针对舍饲繁殖母牛体况偏胖的问题，曹玉凤团队 2015 年在黑龙江省采取分阶段利用技术，分前期（妊娠 4～6 个月至分娩）和后期（分娩至分娩后 120 天）两个阶段。通过调整不同妊娠阶段西门塔尔母牛日粮营养水平改善西门塔尔母牛的繁殖性能，建议西门塔尔妊娠母牛的适宜大豆秸秆的添加量为：用揉碎大豆秸秆替代羊草喂西门塔尔母牛，饲喂量可达 1.5 千克 / 头 · 天，每天饲喂 2 次，自由采食。结果：对妊娠母牛产后失重无显著影响，但能降低犊牛初生重，提高犊牛成活率，还可改善母牛产后繁殖性能，降低西门塔尔母牛产后的发情间隔，提高妊娠率，犊牛的成活率从 44.4% 提高到 90%；产后发情间隔天数从 80 天降低至 67 天。

（三）管理技术

母牛妊娠期管理主要是做好妊娠母牛保胎工作，保证胎儿正常发育和安全分娩，防止妊娠牛流产。

①日粮要以优质青粗饲料为主，以放牧为主时，适当搭配精料，妊娠母牛不宜饲喂或少量喂棉籽饼、菜籽饼、酒糟等饲料。

②实行分群饲喂管理，将妊娠牛与未妊娠牛分开饲养。不能喂冰冻、发霉、腐败的饲草、饲料。保证饮水充足、清洁、适温，饮水温度不低于 10℃。

③在饲料条件较好时，注意适当运动，保证母体体质良好，利于分娩。在圈舍运动场或放牧时要防止驱赶、跑、跳运动，防止相互顶撞和在湿滑的路面行走，以免造成机械性流产。临近产期的母牛应停止放牧，给予营养丰富、品质优良、易于消化的饲料。

④妊娠牛如有使役任务，在妊娠前期和妊娠中期可适当使役，但使役强度不宜过大，临产前 1 个月必须停止使役。

⑤对妊娠母牛必须满足其营养需要，加强饲养管理，对患有习惯性流产的母牛，应服用安胎中药或注射“黄体酮”等药物。

⑥从妊娠第 5～6 个月开始到分娩前 1 个月为止，每日用温水清洗并按摩乳房 1 次，每次 3～5 分钟，以促进乳腺发育，为以后哺乳打下良好基础。

⑦注意保持牛体和圈舍清洁卫生，定期消毒。圈舍环境应保持干燥、清洁，注意防暑降温和防寒保暖。

五、分娩期母牛的饲养管理

分娩期（围产期）是指母牛分娩前后各 15 天。这一阶段对母牛、胎犊和新生犊牛的健康都非常重要。围产期母牛发病率高，死亡率也高，因此必须加强护理。围产期是母牛经历妊娠至产犊至泌乳的生理变化过程，在饲养管理上有其特殊性。

（一）产前准备

母牛应在预产期前 1～2 周进入产房。产房要求宽敞、清洁、保暖、环境安静，并在母牛进入产房前用 10% 石灰水粉刷消毒，干后在地面铺以清洁干燥、卫生（日光晒过）的柔软垫草。在产房临产母牛应单栏饲养并可自由运动，喂易消化的饲草饲料，如优质青干草、苜蓿干草和少量精饲料；饮水要清洁卫生，冬天最好饮温水。

在产前要准备好用于接产和助产的用具、器具和药品，在母牛分娩时，要细心照顾，合理助产，严禁粗暴。为保证安全接产，必须安排有经验的饲养人员昼夜值班，注意观察母牛的临产征兆，保证安全分娩。纯种肉用牛难产率较高，尤其是初产母牛，必须做好助产工作。

母牛在分娩前 1～3 天，食欲低下，消化功能较弱，此时要精心调配饲料，精饲料最好调制成粥状，特别要保证充足的饮水。

（二）临产征兆

随着胎儿的逐步发育成熟和产期的临近，母牛在临产前发生一系列变化。主要有：

1. 乳房　产前约 15 天乳房开始膨大，一般在产前几天可以从乳头挤出黏稠、淡黄色液体，当能挤出乳白色初乳时，分娩可在 1～2 天内发生。

2. 阴门分泌物　妊娠后期阴唇肿胀，封闭子宫颈口的黏液塞溶化，如发现透明索状物从阴门流出，则 1～2 天内将分娩。

3. "塌沿"　妊娠末期，骨盆部韧带软化，臀部有塌陷现象。在分娩前 1～2 天，骨盆韧带充分软化，尾部两侧肌肉明显塌陷，俗称"塌沿"，这是临产的主要征兆。

4. 宫缩　临产前，子宫肌肉开始扩张，继而出现宫缩，母牛卧立不安，频频排出粪尿，不时回头，说明产期将近。

观察到以上情况后，应立即做好接产准备。

（三）接　产

一般胎膜小泡露出后 10～20 分钟，母牛多卧下（要使它向左侧卧）。当胎儿前蹄将胎膜顶破时，要用桶将羊水（胎水）接住，产后给母牛灌服 3.5～4 千克，可预防胎衣不下。正常情况下，是两前脚夹着头先出来；倘发生难产，应先将胎儿顺势推回子宫，矫正胎位，不可硬拉。倒生时，当两腿产出后，应及早拉出胎儿，防止胎儿腹部进入产道后脐带被压在骨盆底下，造成胎儿窒息死亡。若母牛阵缩、努责微弱，应进行助产。用消毒绳缚住胎儿两前肢系部，助产者双手伸入产道，大拇指插入胎儿口角，然后捏住下颌，乘母牛努责时，一起用力拉，用力方向应稍向母牛臀部后上方。但拉的动作要缓慢，以免发生子宫内翻或脱出。当胎儿腹部通过阴门时，用手捂住胎儿脐孔部，防止脐带断在脐孔内，并延长断脐时间，使胎儿获得更多的血液。母牛分娩后应尽早将其赶起，以免流血过多，也有利于生殖器官的复位。为防子宫脱出，可牵引母牛缓行 15 分钟左右，以后逐渐增加运动量。

（四）产后护理

母牛分娩后，由于大量失水，要立即喂母牛以温热、足量的麸皮盐水（麸皮 1～2 千克，盐 100～150 克，碳酸钙 50～100

克，温水 15～20 升），可起到暖腹、充饥、增腹压的作用。同时，喂给母牛优质、嫩软的干草 1～2 千克。为促进子宫恢复和恶露排出，还可补给益母草温热红糖水（益母草 250 克，水 1500 毫升，煎成水剂后，再加红糖 1000 克，水 3000 毫升），每日 1 次，连服 2～3 日。

胎衣一般在产后 5～8 小时排出，最长不应超过 12 小时。如果超过 12 小时，尤其是夏天，应进行药物治疗，投放防腐药或及早进行剥离手术，否则易继发子宫内膜炎，影响今后的繁殖。可在子宫内投入 5%～10% 氯化钠注射液 300～500 毫升或用生理盐水 200～300 毫升溶解金霉素，或土霉素 2～5 克，注入子宫内膜和胎衣间。胎衣排出后应检查是否排出完全及有无病理变化，并密切注意恶露排出的颜色、气味和数量，以防子宫弛缓引起恶露滞留，导致疾病。要防止母牛自食胎衣，以免引起消化不良。如胎衣在阴门外太长，最好打一个结，不让后蹄踩踏；严禁拴系重物，以防子宫脱出。对于挤奶的母牛，产后 5 天内不要挤净初乳，可逐步增加挤奶量。母牛产后康复期一般为 2～3 周。

母牛经过产犊，气血亏损，抵抗力减弱，消化功能及产道的恢复需要一段时间，而乳腺的分泌机能却在逐渐加强，泌乳量逐日上升，形成了体质与泌乳的矛盾。此时在饲养上要以恢复母牛体质为目的。在饲料的调配上要加强其适口性，刺激牛的食欲。粗饲料则以优质干草为主。精饲料不可太多，但要全价，优质，适口性好，最好能调制成粥状，并可适当添加一定的增味饲料，如糖类等。对体弱母牛，在产犊 3 天后喂给优质干草，3～4 天后可喂多汁饲料和精饲料。当乳房水肿完全消失时，饲料即可增至正常。如果母牛产后乳房没有水肿，体质健康粪便正常，在产犊后第一天就可喂给多汁饲料，到 6～7 天时，便可增加到足够喂量。要保持充足、清洁、适温的饮水。一般产后 1～5 天应饮给温水，水温 37～40℃，以后逐渐降至常温。

产犊的最初几天，母牛乳房内血液循环及乳腺细胞活动的控制与调节均未正常，如乳房水肿严重，要加强乳房的热敷和按摩，每次挤奶前热敷按摩 5～10 分钟，促进乳房消肿。

分娩后阴门松弛，躺卧时黏膜外翻易接触地面，为避免感染，地面应保持清洁，垫草要勤换。母牛的后躯阴门及尾部应用消毒液清洗，以保持清洁。加强监护，随时观察恶露排出情况，观察阴门、乳房、乳头等部位是否有损伤。每日测体温 1～2 次，若有升高及时查明原因进行处理。

六、哺乳母牛的饲养管理

母牛分娩后的一段时期，其主要任务是泌乳满足犊牛需要。对哺乳母牛的饲养管理要求是：有足够的泌乳量以满足犊牛生长发育的需要，提高哺乳期犊牛的日增重和断奶体重。母牛在哺乳期能量饲料的需要比妊娠期高 50%，蛋白质、钙、磷需要量加倍。加强母牛产后护理，应用母牛分阶段饲养管理、犊牛早期断奶补饲和繁殖技术，科学控制母牛营养供给、合理调控母牛体况，及时监控母牛生殖系统健康，缓解应激、营养、带犊哺乳等因素对母牛繁殖性能的不利影响，可促进母牛产后体况恢复和犊牛生长发育，使母牛及早发情配种，降低饲养成本。

（一）饲喂技术

哺乳期是母牛哺育犊牛、恢复体况、发情配种的重要时期，不但要满足犊牛生长发育所需的营养需要，而且要保证母牛中上等膘情，以利于发情配种。此期应根据母牛产奶量变化和体况恢复情况，及时调整日粮饲喂量（表 5–3）。根据泌乳规律，可分为泌乳初期、盛期、中期和后期。

1. 泌乳初期　指母牛产后 15 天内的阶段，是母牛的身体恢复期。分娩后最初几天，身体虚弱，消化功能差，要限制精饲料及根茎类饲料的喂量。分娩后 2～3 天，日粮以易消化的优质干

草和青贮饲料为主，补充少量混合精饲料，精饲料蛋白质含量要达到12～14%，富含必需的矿物质、微量元素和维生素；每日饲喂精饲料1.5千克、青贮饲料4～5千克，优质干草2千克。分娩4天后，逐步增加精饲料和青贮饲料饲喂量。同时，注意观察母牛采食量，并依据采食量变化调整日粮饲喂量。

2. 泌乳盛期 指母牛产后16天至2个月的时期，是母牛产奶量最多的阶段。母牛身体逐渐恢复，泌乳量快速上升，此阶段要增加日粮饲喂量，饲料要多样化，并大量饲喂青绿、多汁饲料，并补充矿物质、微量元素和维生素，以保证泌乳需要和母牛发情。

3. 泌乳中期 是指母牛产后2～3个月的时期。此期母牛泌乳量开始下降，采食量达到高峰。应增加粗饲料喂量，减少精饲料喂量，每天饲喂精饲料2.5千克左右。

4. 泌乳后期 是指母牛产后3个月至犊牛断奶的时期，这个阶段应多供给优质粗饲料，适当补充精饲料，为了保证母牛有中上等膘情，每天精饲料喂量应不少于2千克。如果有苜蓿干草或青绿饲料，可适当减少精饲料喂量。

表5–3 哺乳期母牛建议饲喂方案

产后时间	精饲料（千克）	谷草或甘薯秧或花生秧（千克）	玉米秸秆青贮（千克）
1个月	3.5	1～3	8～15
2个月	3.0	1～3	8～15
3～4个月	2.0	1～3	8～15

现列出两个哺乳期母牛的精料配方，供参考。

配方一：玉米50%，熟豆饼（粕）10%，棉仁饼（或棉粕）5%，胡麻饼5%，花生饼3%，葵籽饼4%，麸皮20%，磷酸氢钙1.5%，碳酸钙0.5%，食盐0.9%，微量元素和维生素添加剂0.1%。

配方二：玉米 50%，熟豆饼（粕）20%，麸皮 12%，玉米蛋白 10%，酵母饲料 5%，磷酸氢钙 1.6%，碳酸钙 0.4%，食盐 0.9%，强化微量元素与维生素添加剂 0.1%。

（二）母牛早期配种

①营养良好的母牛一般在产后 40 天左右会出现首次发情，产后 90 天内会出现 2～3 次发情。应尽量使牛适量运动，便于观察发情。如果母牛舍饲拴系饲养，应注意观察母牛的异常行为，如吼叫、兴奋、采食不规律和尾根有无黏液等。

②诱导发情。母牛分娩 40～50 天后，进行生殖系统检查。对子宫、卵巢正常的牛，肌内注射复合维生素 ADE，使用促性腺激素释放激素和氯前列烯醇，进行人工诱导发情。应用人工授精技术，使用早晚两次输精的方法进行配种。

第六章
肉牛秸秆育肥技术

一、影响肉牛育肥效果的因素

（一）遗传因素

肉牛的品种和品种间的杂交等都影响肉牛育肥效果。专用肉牛品种比乳用牛、乳肉兼用牛和我国的黄牛等生长育肥速度要快，特别是能进行早期育肥，提前出栏，饲料转化率、屠宰率和胴体净肉率高，肉的质量好。一般优良的肉用品种牛，育肥后的屠宰率平均为 60%～65%，最高的可达 72%；肉乳兼用品种达 62% 以上。

近年来，国外已广泛采用品种间经济杂交，利用杂交优势，能有效地提高肉牛的生产力。美国等国的研究结果表明，两品种的杂交后代生长快，饲料转化率高，其产肉能力比纯种提高 15%～20%。三品种杂交效果比两品种杂交更好，所得杂交后代的早熟性和肉的质量均胜过纯种牛。

我国利用国外优良肉牛品种的公牛与我国黄牛杂交，杂交后代的杂种优势使生长速度和肉的品质都得到了很大提高。杂交改良牛初生重明显增加，各阶段生长速度和肉用性能显著提高，屠宰率、净肉率和眼肌面积增加，肌肉丰满，仍保持了中国黄牛肉的多汁、口感好及风味可口等特点。

（二）生理因素

年龄和性别等生理因素对肉牛生产力有一定影响。

1. 年龄因素　一般幼龄牛的增重以肌肉、内脏、骨骼为主，而成年牛的增重除增长肌肉外，主要是沉积脂肪。年龄对牛的增重影响很大。一般规律是肉牛在出生第一年增重最快，第二年增重速度仅为第一年的 70%，第三年的增重又只有第二年的 50%（表 6–1）。饲料转化率随年龄增长、体重增大，呈下降趋势，一般年龄越大，每千克增重消耗的饲料也越多。在同一品种内，牛肉品质和出栏体重有非常密切的关系，出栏体重小，往往不如体重大的牛，但变化不如年龄的影响大。按年龄，大理石状花纹形成的规律是：12 月龄以前花纹很少；12～24 月龄之间，花纹迅速增加，30 月龄以后花纹变化很微小。由此看出，要获得经济效益高的高档牛肉，需在 18～24 月龄时出栏。目前国外肉牛的屠宰年龄一般为 1～1.5 岁，最迟不超过 2 岁，生产雪花牛肉一般在 30 月龄之前出栏。

表 6–1　年龄与育肥效果

牛年龄	头　数	平均日龄	平均活重（千克）	出生后每日增重（千克）	育肥全期增重（千克）	
					总增重	日增重
1 岁以下	30	297	354	1.19	354	1.19
1～2 岁	152	612	606	0.99	252	0.799
2～3 岁	145	943	744	0.79	138	0.422
3 岁以上	133	1283	880	0.69	136	0.395

* 引自《肉牛学》李登元。

2. 性别因素　性别影响牛的育肥速度，在同样的饲养条件下，以公牛生长最快，阉牛次之，母牛最慢，在育肥条件下，公

牛比阉牛的增重速度高10%，阉牛比母牛的增重速度高10%。这是因为公牛体内性激素——睾酮含量高的缘故。因此，如果在24月龄以内育肥出栏的公牛，以不去势为好。牛的性别影响肉的质量。一般来说，母牛肌纤维细，结缔组织较少，肉味亦好，容易育肥；公牛比阉牛、母牛具有较多的瘦肉，肉色鲜艳，风味醇厚，较高的屠宰率和较大的眼肌面积，经济效益高；而阉牛胴体则有较多的脂肪。

（三）环境因素

环境因素包括饲养水平和营养状况、管理水平、外界气温等。环境因素对肉牛生产能力的影响占70%。

1. 饲养水平和营养状况 饲料是改善肉的品质、提高肉的产量最重要的因素。日粮营养是转化牛肉的物质基础，恰当的营养水平结合牛体的生长发育特点能使育肥肉牛提高产肉量，并获得含水量少、营养物质多、品质优良的肉。另外，肉牛在不同的生长育肥阶段，对营养水平要求不同，幼龄牛处于生长发育阶段，增重以肌肉为主，所以需要较多的蛋白质饲料；而成年牛和育肥后期增重以脂肪为主，所以需要较高的能量饲料。饲料转化为肌肉的效率远远高于饲料转化为脂肪的效率。

（1）精、粗饲料比例 在肉牛的育肥阶段，精饲料可以提高牛胴体脂肪含量，提高牛肉的等级，改善牛肉风味。粗饲料在育肥前期可锻炼胃肠功能，预防疾病的发生，这主要是由于牛在采食粗饲料时，能增加唾液分泌并使牛的瘤胃微生物大量繁殖，使肉牛处于正常的生理状态，另外由于粗饲料可消化养分含量低，防止血糖过高，低血糖可刺激牛分泌生长激素，从而促进生长发育。

一般肉牛育肥阶段日粮的精、粗比例为：前期粗饲料为55%～65%，精饲料为45%～35%；中期粗饲料为45%，精饲料为55%；后期粗饲料为15%～25%，精饲料为85%～75%。

（2）营养水平 采用不同的营养水平，增重效果不同（表6–2）。

表 6–2 营养水平与增重的关系

营养水平	试牛头数	育肥天数	始重（千克）	前期终重（千克）	后期终重（千克）	前期日增重（千克）	后期日增重（千克）	全程日增重（千克）
高高型	8	394	284.5	482.6	605.1	0.94	0.68	0.81
中高型	11	387	275.7	443.4	605.5	0.75	0.99	0.86
低高型	7	392	283.7	400.1	604.6	0.55	1.13	0.82

由表 6–2 可以看出，①育肥前期采用高营养水平时，虽然前期日增重提高，但持续时间不会很长。因此，当继续高营养水平饲养时，增重反而降低。②育肥前期采用低营养水平，前期虽增重较低，但当采用高营养水平时，增重提高。③从育肥全程的日增重和饲养天数综合比较，育肥前期，营养水平不宜过高，肉牛育肥期的营养类型以中高型较为理想。

（3）饲料添加剂 使用适当的饲料添加剂可提高肉牛增重速度，详见本书肉牛饲料添加剂部分。

（4）饲料形状 饲料的不同形状，饲喂肉牛的效果不同。一般来说，颗粒料的效果优于粉状料，使日增重明显增加。精饲料粉碎不宜过细，粗饲料以切短利用效果最好。

2. 环境温度影响肉牛的育肥速度 最适气温为 10～21℃，低于 7℃，牛体产热量增加，维持需要增加，要消耗较多的饲料，肉牛的采食量增加 2%～25%；环境温度高于 27℃，牛的采食量降低 3%～35%，增重降低。在温暖环境中反刍动物利用粗饲料能力增强，而在较低温度时消化能力下降。在低温环境下，肉犊牛比成年肉牛更易受温度影响。空气湿度也会影响牛的育肥，因为湿度会影响牛对温度的感受性，尤其是低温和高温条

件下，高湿会加剧低温和高温对牛的危害。

总之，不适合肉牛生长的恶劣环境和气候对肉牛育肥有较大影响，所以在冬、夏季节要注意保暖和降温，为肉牛创造良好的生活环境。

3. 饲养管理因素 饲养管理的好坏直接影响育肥速度。除采食外，尽量使牛少运动。圈舍应保持良好的卫生状况和环境条件，育肥前进行驱虫和疫病防治，经常刷拭牛体，保持体表干净等。

二、肉牛一般饲喂与管理技术

（一）一般饲喂技术

1. 按时按量饲喂 肉牛每天日喂 2 次，不能忽早忽晚。精、粗饲料，特别是精饲料量根据不同生理时期和体况定。

2. 饲料稳定并清洁卫生 饲料保持相对稳定，变更饲料时要有 7～10 天的过渡；饲料不能发霉变质，不能混有铁丝铁钉等异物。

3. 饮水 自由饮水，并清洁卫生。

4. 饲喂方法 精粗料混喂，采用完全混合日粮（TMR）饲喂。TMB 是根据肉牛不同饲养阶段的营养需要，把切短的粗饲料和精饲料以及各种添加剂按照适当的比例，进行充分混合（使用饲料搅拌喂料车），得到营养平衡的日粮（也称全价日粮），供牛自由采食。优点：①增加肉牛采食量；②简化饲养程序，使每头牛得到廉价的平衡饲料；③避免肉牛由于分别采食粗饲料和精饲料而造成的精饲料吃得过多，粗饲料采食不足而致的瘤胃功能障碍和消化道疾病；④提高劳动生产率。

低槽有利于 TMR 搅拌车的使用，节省劳动力。

5. 采取阶段饲养技术 育肥根据育肥时间的长短和体重分为 2～4 个阶段。

（二）肉牛一般管理技术

目的是创造一个安静、舒适的条件，让肉牛健康、妊娠、产犊、哺乳及快速增重。

1. 改善福利，提高健康水平和生产性能

搞好环境卫生，减少蚊蝇干扰，雨天时，做好运动场排水工作。每天清除牛粪 2 次。饲养员喂料、消毒、清粪等要按操作规程进行，动作要轻，保持环境的安静。牛舍夏季要防暑，冬季防冻保温。减少应激。

（1）冬季饮用温水技术　主要是通过提高饮水温度，减少冷水在瘤胃中升温所消耗的能量，提高饲料转化率，从而提高母牛生产水平。刘继军等试验表明，试验牛每日饮 16～18℃的温水，对照牛饮 4℃冷水，结果试验牛日增重为 1.85 千克 / 日，对照牛日增重为 1.62 千克 / 日，试验牛相对提高 14.19%。

恒温饮水设备包括：①太阳能系统热水器；②电热恒温水槽；③其他加热方式。

（2）养牛场夏季灭蝇方案　夏季养牛场每天会产生大量的粪便，招来无数的苍蝇，苍蝇的骚扰一方面使人和牛都感到烦躁，另一方面苍蝇携带各种各样的病菌，轻则使牛生病、厌食，重则使牛发生胃肠道疾病，最终死亡。灭蝇步骤包括以下 3 个方面。

①使用蝇蛆净（环丙氨嗪预混剂）　用法用量：每吨精饲料添加蝇蛆净 800 克。在每年 4～5 月份（苍蝇未出现之前）用药 1 个月。之后便停止用药。停药期为 3 日。

作用：蝇蛆净进入牛消化道后，绝大部分（约 99%）以原形及其代谢产物的形式随粪便排出体外，在粪便中杀灭蝇蛆，从而达到减少甚至消除苍蝇的目的。

② EM 原露拌料或饮水

使用 EM 原露＋红糖拌料。用法用量：EM 原露∶红糖∶水∶

饲料 =1∶1∶10∶2 000。

使用 EM 原露饮水。在水槽中加入 EM 原露 500 倍稀释液，由畜禽每天自由饮用。

作用：EM 原露是微生态制剂，可以改善肠道菌群结构，饲喂 5～10 天后粪便臭味明显减弱，苍蝇显著减少，显著改善养殖环境。

③战影 2 号（1% 残杀威粉剂） 使用方法：取本品 1 袋（50 克）加水 10～15 升，摇匀后牛场全面喷洒，5～10 秒钟见效。在苍蝇刚开始出现的季节，间隔 5 天喷 1 次，以后可根据情况 10～15 天喷 1 次，喷洒时以物体表面湿润并有少量药液流出为宜。

本品是高效、低毒杀虫剂，具有杀虫谱广、击倒力强、杀灭速度快、持效期长等特点，对杀灭蝇虫有很好的效果。

（3）牛舍冬季环境控制理念 对于牛的健康与生产水平来说，保证空气质量，尽量降低湿度比提高舍温更重要。而冬季环境控制常见的错误观念是重保温而轻通风。因饮水或粪尿冻结而限制通风，往往会导致舍内水汽过高、呼吸道疾病增加，应采取其他措施保障饮水。因温度降低限制通风，对于犊牛可以加设导流板、局部供暖等措施，而不是阻断整个牛舍的通风。

2. 做好防疫保健工作 定期做好疫苗注射、防疫保健工作；定期进行驱虫；饲养员对牛随时观察，看采食、看饮水、看粪尿、看反刍、看精神状态是否正常。

3. 定时刷拭 每天定时给牛体刷拭，以促进血液循环，增进食欲。可以安装自助式皮肤按摩刷，节省劳动力。

4. 注意饲槽、水槽卫生 牛下槽后及时清扫饲槽，防止草料残渣在槽内发霉变质，注意饮水卫生，避免有毒有害物质污染饮水和饲料。

5. 自由活动 无论是母牛还是育肥牛，舍饲饲养时不能拴系，保证充足运动，对于母牛可减少难产和胎衣不下。笔者

等用奶公牛育肥试验表明，育肥期散养比拴系日增重相对提高14.7%，而且牛只更健康。

6. 档案记录　育肥牛要有详细的记录档案。母牛从出生就必须建立详细的记录档案，不仅便于日常管理，而且可及时淘汰生长发育不良的母牛，避免近交，获得最高的效益。

三、直线育肥技术

直线育肥是指犊牛断奶后，立即转入育肥阶段进行育肥，直到出栏，也称为持续育肥。直线育肥由于在饲料利用率较高的生长阶段保持较高的增重，缩短了生产周期，较好地提高了出栏率，故总效率高，生产的牛肉肉质鲜嫩，改善了肉质，满足市场高档牛肉的需求，是值得推广的一种方法。

肉牛持续育肥方法包括舍饲育肥方式和放牧舍饲持续育肥方式。

（一）舍饲持续育肥技术

1. 饲喂技术　选择肉用良种牛或其改良牛，在犊牛阶段采取较合理的饲养，使其平均日增重达到0.8～0.9千克，180日龄体重达到200千克进入育肥期，按日增重大于1.2千克配制日粮，到12月龄时体重达到450千克。可充分利用随母哺乳或人工哺乳：0～30日龄，每日每头全乳喂量6～7千克；31～60日龄，8千克；61～90日龄，7千克；91～120日龄，4千克。在0～90日龄，犊牛自由采食配合料（玉米58%、豆饼24%、棉籽粕5%、麸皮10%、磷酸氢钙1.5%、食盐1%、碳酸氢钠0.5%）。此外，每千克精饲料中加维生素A 0.5～1万国际单位。91～180日龄，每日每头喂配合料1.2～2千克。181日龄进入育肥期，按体重的1.5%喂配合料，粗饲料自由采食。精饲料配方和喂量可参考表6-3。

表 6–3　青贮＋谷草类型日粮配方及喂量

月　龄	精料配方（%）							采食量（千克 / 日 · 头）		
	玉米	麸皮	豆粕	棉籽粕	石粉	食盐	碳酸氢钠	精料	青贮玉米秸	谷草（或花生秧或红薯秧）
7～8 9～10	32.5	24	7	33	5	1	1	2.2 2.8	6 8	1.5 1.5
11～12 13～14	52	14	5	26	1	1	1	3.3 3.6	10 12	1.8 2
15～16 17～18	67	4	–	26	0.5	1	1.5	4.1 5.5	14 14	2 2

2. 管理技术　育肥牛转入育肥舍前，对育肥舍地面、墙壁用 2% 氢氧化钠溶液喷洒，器具用 1% 新洁尔灭溶液或 0.1% 高锰酸钾溶液消毒。饲养用具也要经常洗刷消毒；育肥舍可采用规范化育肥舍或塑膜暖棚舍，舍温以保持在 6～25℃为宜，确保冬暖夏凉。当气温高于 30℃以上时，应采取防暑降温措施。育肥牛要按照体重大小进行分群，自由活动，禁止拴系。近年来研究表明，自由活动的牛群比拴系牛群日增重要提高 10% 以上。

犊牛断奶后驱虫 1 次，10～12 月龄再驱虫 1 次。驱虫药可用伊维菌素或左旋咪唑或阿维菌素。日常每日刷拭牛体 1～2 次或安装“全自动牛体刷”，牛不走过去的时候它不动，一靠到它身上，它就会自动旋转起来，以促进血液循环，增进食欲，保持牛体卫生。育肥牛要按时搞好疾病防治，经常观察牛采食、饮水和反刍情况，发现病情及时治疗。

（二）放牧舍饲持续育肥技术

夏季水草茂盛，也是放牧的最好季节，充分利用野生青草的营养价值高、适口性好和消化率高的优点，采用放牧育肥方式。当温度超过 30℃，注意防暑降温，可采取夜间放牧的方式，提

高采食量，增加经济效益。春、秋季应白天放牧，夜间补饲一定量青贮、氨化、微贮秸秆等粗饲料和少量精饲料。冬季要补充一定的精饲料，适当增加能量饲料，提高肉牛的防寒能力，降低能量在基础代谢上的比例。

1. 放牧加补饲持续肥育技术　在牧草条件较好的牧区，犊牛断奶后，以放牧为主，根据草场情况，适当补充精饲料或干草，使其在18月龄体重达400千克。要实现这一目标，犊牛在哺乳阶段，平均日增重应达到0.9～1千克，冬季日增重保持0.4～0.6千克，第二个夏季日增重在0.9千克。在枯草季节，对育肥牛每天每头补喂精饲料1～2千克。放牧时应做到合理分群，每群50头左右，分群轮牧。我国1头体重120～150千克牛需1.5～2公顷草场，放牧育肥时间一般在5～11个月，放牧时要注意牛的休息、饮水和补盐。夏季防暑，狠抓秋膘。

2. 放牧—舍饲—放牧持续肥育技术　此法适应于9～11月份出生的秋犊。犊牛出生后随母牛哺乳或人工哺乳，哺乳期日增重0.6千克，断奶时体重达到70千克。断奶后以喂粗饲料为主，进行冬季舍饲，自由采食青贮饲料或干草，日喂精饲料不超过2千克，平均日增重0.9千克。到6月龄体重达到180千克。然后在优良牧草地放牧（此时正值4～10月份），要求平均日增重保持0.8千克。到12月龄可达到325千克。转入舍饲，自由采食青贮饲料或青干草，日喂精饲料2～5千克，平均日增重0.9千克，到18月龄，体重可达490千克。

四、架子牛育肥技术

（一）架子牛选择

1. 架子牛品种选择　架子牛品种选择总的原则是基于我国目前的市场条件，以生产产品的类型、可利用饲料资源状况和饲养技术水平为出发点。

架子牛应选择生产性能高的肉用型品种牛和肉用杂交改良牛（肉牛作父本与我国黄牛杂交繁殖的后代）。生产性能较好的杂交组合有：利木赞牛与本地牛杂交后代，夏洛莱牛与本地牛杂交后代，西门塔尔牛与本地牛杂交改良后代，安格斯牛与本地牛杂交改良后代等。其特点是体型大，增重快，成熟早，肉质好。在相同的饲养管理条件下，杂种牛的增重、饲料转化率和产肉性能都要优于我国地方黄牛。

西杂牛（西门塔尔牛与本地牛杂交后代），毛色以黄（红）白花为主，花斑分布随着代数增加而趋整齐，体躯深宽高大，结构匀称，体质结实，肌肉发达；乳房发育良好，体型向乳肉兼用型方面发展。

利杂牛（利木赞牛与本地牛杂交后代），毛色黄色或红色，体躯较长，背腰平直，后躯发育良好，肌肉发达，四肢稍短，呈肉用型。

夏杂牛（夏洛莱牛与本地牛杂交后代），毛色为草白或灰白，有的呈黄色（或奶油白色），体型增大，背腰宽平，臀、股、胸肌发达，四肢粗壮，体质结实，呈肉用型。

黑杂牛（荷斯坦牛与本地牛杂交后代），毛色以全黑至大小不等的黑白花毛片，体躯高大、细致，生长快速，杂交三代牛呈乳用牛体型，趋于纯种奶牛。

另外，还有短角牛、安格斯牛等与本地牛杂交的改良牛，体型结构都较本地黄牛有明显改进。

如以生产高档牛肉为目的除选择国外优良肉牛品种如和牛、安格斯与我国黄牛的一、二代杂交种，或三元、四元杂交种外，也可选择我国的优良黄牛品种如秦川牛、鲁西牛、南阳牛、晋南牛等。国内优良品种的特点是体型较大，肉质好，但增重速度慢，育肥期较长。用于生产高档牛肉的牛一般要求是阉牛。

2. 架子牛年龄的选择 根据肉牛的生长规律，目前牛的育

肥大多选择在牛 2 岁以内，最迟也不超过 36 月龄，即能适合不同的饲养管理，易于生产出高档和优质牛肉，在市场出售时较老年牛有利。从经济角度出发，购买犊牛的费用较 1～2 岁牛低，但犊牛育肥期较长，对饲料质量要求较高。饲养犊牛的设备也较大牛条件高，投资大。综合计算，购买犊牛不如购买 1～2 岁牛经济效益高。

到底购买哪种年龄的育肥牛主要应根据生产条件、投资能力和产品销售渠道考虑。

以短期育肥为目的，计划饲养 3～6 个月，而应选择 1.5～3 岁育成架子牛和成年牛，不宜选购犊牛、生长牛。对于架子牛年龄和体重的选择，应根据生产计划和架子牛来源而定。目前，在我国广大农牧区较粗放的饲养管理条件下，1.5～2 岁肉用杂种牛体重多在 250～300 千克，2～3 岁牛多在 300～400 千克，3～5 岁牛多在 350～400 千克。如果 3 个月短期快速育肥最好选体重 350～400 千克架子牛。而采用 6 个月育肥期，则以选购年龄 1.5～2.5 岁、体重 300 千克左右架子牛为佳。需要注意的是，能满足高档牛肉生产条件的是 12～24 月龄架子牛，一般牛年龄超过 3 岁，就不能生产出高档牛肉，优质牛肉块的比例也会降低。

在秋天收购架子牛育肥，第二年出栏，应选购 1 岁左右牛，而不宜购大牛，因为大牛冬季用于维持饲料多，不经济。

3. 架子牛性别的选择 性别影响牛的育肥速度，在同样的饲养条件下，以公牛生长最快，阉牛次之，母牛最慢，因此如果在 24 月龄以内育肥出栏的公牛，以不去势为好。牛的性别影响肉的质量。一般来说，母牛肌纤维细，结缔组织较少，肉味亦好，容易育肥；公牛比阉牛、母牛具有较多的瘦肉，肉色鲜艳，风味醇厚，较高的屠宰率和较大的眼肌面积，经济效益高；而阉牛胴体则有较多的脂肪。

4. 架子牛体型外貌选择 体型外貌是体躯结构的外部表现，

在一定程度上反映牛的生产性能。选择的育肥牛要符合肉用牛的一般体型外貌特征。外貌的一般要求：

从整体上看，体躯深长，体型大，脊背宽，背部宽平，胸部、臀部成一条线；顺肋、生长发育好、健康无病。不论侧望、上望、前望和后望，体躯应呈“长矩形”，体躯低垂，皮薄骨细，紧凑而匀称，皮肤松软、有弹性，被毛密而有光亮。

从局部来看，头部重而方形；嘴巴宽大，前额部宽大；颈短，鼻镜宽，眼明亮。前躯要求头较宽而颈粗短。腰荐十字部的高度要超过肩顶，胸宽而丰满，突出于两前肢之间，肋骨弯曲度大而肋间隙较窄；鬐甲宜宽厚，与背腰在一直线上。背腰平直、宽广，臀部丰满且深，肌肉发达，较平坦；四肢端正，粗壮，两腿宽而深厚，坐骨端距离宽。牛蹄子大而结实，管围较粗；尾巴根粗壮。皮肤宽松而有弹性；身体各部位发育良好，匀称，符合品种要求；身体各部位齐全，无伤瘢；

应避免选择有如下缺点的肉用牛：头粗而平，颈细长．胸窄，前胸松弛，背线凹，斜尻，后腿不丰满，中腹下垂，后腹上收，四肢弯曲无力，“O”形腿和“X”形腿，站立不正。

5. 根据育肥目标与市场进行选择 架子牛的选择应主要考虑市场供求，即考虑架子牛价与育肥牛（或牛肉）价之间差价，精饲料的价格、粗饲料的价格，乃至牛和饲料供求问题，以及供求的季节性、地区性、市场展望、发展趋势等。

（二）新购入架子牛的隔离与过渡饲养

1. 隔离饲养 牛舍在进牛前用20%生石灰水或来苏儿溶液消毒，门口设消毒池，以防病菌带入。牛体消毒用0.3%过氧乙酸溶液消毒液逐头进行一次喷体。新购入架子牛进场后应在隔离区隔离饲养15天以上，防止随牛引入疫病。

2. 饮水 由于运输途中饮水困难，架子牛往往会发生严重缺水，因此架子牛进入围栏后要掌握好饮水。第一次饮水量以

10～15 升为宜，可加人工盐（每头 100 克）；第二次饮水在第一次饮水后的 3～4 小时，饮水时，水中可加些麸皮。

3. 粗饲料饲喂方法　首先饲喂优质青干草、秸秆、青贮饲料，第一次喂量应限制，每头 4～5 千克；第 2～3 天以后可以逐渐增加喂量，每头每天 8～10 千克；第 5～6 天以后可以自由采食。

4. 饲喂精饲料方法　架子牛进场以后 4～5 天可以饲喂精料混合料，混合精饲料的量由少到多，逐渐添加，15 天内每天一般不超过 1.5 千克。

5. 分群饲养　按大小强弱分群饲养，每群牛数量以 10～15 头较好；傍晚时分群容易成功；分群的当天应有专人值班观察，发现格斗，应及时处理。牛围栏要干燥，分群前围栏内铺垫草。每头牛占围栏面积 4～5 平方米。

6. 驱虫　体外寄生虫可使牛采食量减少，抑制增重，育肥期增长。体内寄生虫会吸收肠道食糜中的营养物质，影响育肥牛的生长和育肥效果。一般可选用阿维菌素，一次用药同时驱杀体内外多种寄生虫。驱虫可从牛入场的第 5～6 天进行，驱虫 3 日后，每头牛口服"健胃散"350～400 克健胃。驱虫可每隔 2～3 个月进行 1 次。如购牛是秋天，还应注射倍硫磷，以防治牛皮蝇。

7. 其他　根据当地疫病流行情况，进行疫苗注射。勤观察架子牛的采食、反刍、粪尿、精神状态。有疫病征兆时应及时报告和处理。出现《中华人民共和国动物防疫法》规定的重大疫情时，应立即报告当地兽医防疫部门，按规定执行封锁、消毒与疫病扑灭措施。

（三）架子牛短期育肥技术

1. 架子牛育肥期的饲养管理原则

（1）自由活动但要尽量减少运动量　对于短期育肥牛应减

少活动，放牧育肥牛应选择距离较近的草场，尽量减少放牧运动量；对于舍饲育肥牛，可以按照体重大小分栏饲养，每头牛6～10平方米的活动空间，尽量不要拴系，自由活动。

（2）坚持“五定”、“五看”、“五净”的原则

①“五定” 定时：每天上午7～9时，下午5～7时各喂1次，间隔8小时，不能忽早忽晚。上、中、下午定时饮水3次。定量：每天的喂量，特别是精饲料量按每100千克体重喂精饲料1～1.5千克，不能随意增减。定人：每个牛的饲喂等日常管理要固定专人，以便及时了解每头牛的采食情况和健康，并可避免产生应激。定刷拭：每天上、下午定时给牛体刷拭1次，以促进血液循环，增进食欲。定期称重：为了及时了解育肥效果，定期称重很必要。牛进场时应先称重，按体重大小分群，便于饲养管理。在育肥期也要定期称重。由于牛采食量大，为了避免称量误差，应在早晨空腹称重，最好连续称2天取平均数。

②“五看” 指看采食、看饮水、看粪尿、看反刍、看精神状态是否正常。

③“五净” 草料净：饲草、饲料不含石、泥土、铁钉、铁丝、塑料布等异物，不发霉不变质，没有有毒有害物质污染。

饲槽净：牛下槽后及时清扫饲槽，防止草料残渣在槽内发霉变质。

饮水净：注意饮水卫生，避免有毒有害物质污染饮水。

牛体净：经常刷拭牛体，保持体表卫生，防止体外寄生虫的发生。

圈舍净：圈舍要勤打扫、勤除粪，牛床要干燥，保持舍内空气清洁、冬暖夏凉。

（3）牛舍及设备常检修 缰绳、围栏等易损品，要经常检修、更换。牛舍在建筑上不一定要求造价很高，但应防雨、防雪、防晒、冬暖夏凉。

（4）采取阶段饲养法　根据肉牛生产发育特点及营养需要，架子牛从异地到育肥场后，把 120～150 天的育肥饲养期分为过渡期和催肥期两个阶段。

①过渡期（观察、适应期）10～20 天，因运输、草料、气候、环境的变化引起牛体一系列生理反应，通过科学调理，使其适应新的饲养管理环境。前 1～2 天不喂草料只饮水，适量加盐以调理胃肠，增进食欲；以后第一周只喂粗饲料，不喂精饲料。第二周开始逐渐加料，每天只喂 1～2 千克玉米粉或麸皮，不喂饼（粕），过渡期结束后，由粗料型转为精料型。

②催肥期　采用高精料日粮进行强度育肥。催肥期 1～20 天日粮中精饲料比例要达到 45%～55%，粗蛋白质水平保持在 12%；21～50 天日粮中精饲料比例提高到 65%～70%，粗蛋白质水平为 11%；51～90 天日粮中饲量浓度进一步提高，精饲料比例达到 80%～85%，蛋白质含量为 10%。此外，在肉牛饲料中应加肉牛添加剂，占日粮的 1%。粗饲料应进行处理，麦秸氨化处理，玉米秸青贮或微贮之后饲喂。

（5）不同季节应采用不同的饲养方法

①夏季饲养　气候过高，肉牛食欲下降，增重缓慢。在环境温度 8～20℃，牛的增重速度较快。因此，夏季育肥时应注意适当提高日粮的营养浓度，延长饲喂时间。气温 30℃以上时，应采取防暑降温措施。

②冬季饲养　在冬季应给牛加喂能量饲料，提高肉牛防寒能力。不饲喂带冰碴的饲料和饮用冰冷的水。气温 5℃以下时，应采取防寒保温措施。

2. 架子牛舍饲育肥不同类型日粮配方

（1）氨化稻草类型日粮配方　饲喂效果，12～18 月龄体重 300 千克以上架子牛舍饲育肥 105 天，日增重 1.3 千克以上（表 6-4）。

表 6–4　不同阶段各饲料日喂量（千克 / 天 · 头）

阶　段（天数）	玉米面	豆　饼	磷酸氢钙	矿物质微量元素	食　盐	碳酸氢钠	氨化稻草
前期（30 天）	2.5	0.25	0.060	0.030	0.050	0.050	20
中期（30 天）	4.0	1.0	0.070	0.030	0.050	0.050	17
后期（45 天）	5.0	1.5	0.070	0.035	0.050	0.080	15

（2）酒精糟＋青贮玉米秸类型日粮配方　饲喂效果，日增重 1 千克以上。精饲料配方（%）：玉米 93，棉籽粕 2.8，尿素 1.2，石粉 1.2，食盐 1.8，预混料另加。不同体重阶段，精、粗饲料用量见表 6–5。

表 6–5　不同体重阶段精粗饲料用量（千克）

体　重	250～350	350～450	450～550	550～650
精饲料	2～3	3～4	4～5	5～6
酒糟（鲜）	10～12	12～14	14～16	16～18
青贮（鲜）	10～12	12～14	14～16	16～18

（3）李建国、李英国家课题日粮配方　李建国、李英等在国家“九五”承担的“优质高效肉牛生产饲料配方库及日粮营养调控技术体系”课题，依据反刍动物新蛋白质及能量体系，并通过运用能氮平衡理论，保证日粮能氮的高效利用，共进行了 5 个日粮类型配方试验，每个日粮类型通过 3 种营养水平（高、中、低）4 个体重阶段（300～350 千克、350～400 千克、400～450 千克、450～500 千克）的研究。下面介绍的是经过试验后所推荐的日粮配方。

①青贮玉米秸类型日粮典型配方　青贮玉米秸是肉牛的优

质粗饲料，合理的日粮配方可以更好地发挥肉牛生产潜力。育肥全程采取表 6–6 所推荐日粮，可比河北省传统的地方高棉籽粕日粮（低营养水平）日增重由 0.89 千克提高至 1.4 千克，提高 57.3%。

表 6–6　青贮玉米秸类型日粮配方和营养水平

体重阶段（千克）	精饲料配方（%）					
	玉　米	麸　皮	棉籽粕	尿　素	食　盐	石　粉
300～350	71.8	3.3	21.0	1.4	1.5	1.0
350～400	76.8	4.0	15.6	1.4	1.5	0.7
400～450	77.6	0.7	18.0	1.7	1.2	0.8
450～500	84.5	—	11.6	1.9	1.2	0.8
体重阶段（千克）	采食量（千克 / 日 · 头）		营养水平（数量 / 日 · 头）			
	精饲料	青贮玉米秸	RND（个）	XDCP（克）	钙（克）	磷（克）
300～350	5.2	15	6.7	747.8	39	21
350～400	6.1	15	7.2	713.5	36	22
400～450	5.6	15	7.0	782.6	37	21
450～500	8.0	15	8.8	776.4	45	25

注：精料中另加 0.2% 的添加剂预混料。

②酒糟类型典型日粮配方　酒糟作为酿酒的副产品，其营养价值因酿酒原料不同而异，酒糟中蛋白质含量高，此外还含有未知生长因子，因此在许多规模化肉牛场中使用酒糟育肥肉牛。其育肥效果取决于日粮的合理搭制。育肥全程采取表 6–7 所推荐日粮，日增重比对照组（肉牛场惯用日粮）提高 69.71%。

表 6–7　酒糟类型日粮配方和营养水平

体重阶段（千克）	精料配方（%）					
	玉　米	麸　皮	棉籽粕	尿　素	食　盐	石　粉
300～350	58.9	20.3	17.7	0.4	1.5	1.2
350～400	75.1	11.1	9.7	1.6	1.5	1.0
400～450	80.8	7.8	7.0	2.1	1.5	0.8
450～500	85.2	5.9	4.5	2.3	1.5	0.6

体重阶段（千克）	采食量（千克 / 日 · 头）			营养水平（数量 / 日 · 头）			
	精饲料	酒　糟	玉米秸	RND（个）	XDCP（克）	钙（克）	磷（克）
300～350	4.1	11.0	1.5	7.4	787.8	46	30
350～400	7.6	11.3	1.7	11.8	1272.3	57	39
400～450	7.5	12.0	1.8	12.3	1306.6	52	37
450～500	8.2	13.1	1.8	13.2	1385.6	51	39

注：精饲料中另加 0.2% 的添加剂预混料。

③干玉米秸类型日粮配方　农区有大量的作物秸秆，是廉价的饲料资源。但秸秆的粗蛋白质、矿物质、维生素含量低，特别是其木质化纤维结构造成消化率低、有效能量低，成为影响秸秆营养价值及饲用效果的主要因素。对干玉米秸类型日粮进行合理营养调控，可改善饲料养分利用率。育肥全程采取表 6–8 所推荐的日粮，平均日增重由对照组的 1.03 千克提高至 1.33 千克，相对提高 29.13%，缩短育肥出栏时间 46 天，年利润提高 10.07%。

表 6–8　干玉米秸类型日粮配方和营养水平

体重阶段（千克）	精料配方（%）					
	玉　米	麸　皮	棉籽粕	尿　素	食　盐	石　粉
300～350	66.2	2.5	27.9	0.9	1.5	1
350～400	70.5	1.9	24.1	1.2	1.5	0.8
400～450	72.7	6.6	16.8	1.43	1.5	1
450～500	78.3	1.6	16.3	1.77	1.5	0.5

体重阶段（千克）	采食量（千克 / 日 · 头）			营养水平（数量 / 日 · 头）			
	精饲料	干玉米秸	酒糟	RND（个）	XDCP（克）	钙（克）	磷（克）
300～350	4.8	3.6	0.5	6.1	660	38	27
350～400	5.4	4.0	0.3	6.8	691	38	28
400～450	6.0	4.2	1.1	7.6	722	37	31
450～500	6.7	4.6	0.3	8.4	754	36	32

注：精饲料中另加 0.2% 的添加剂预混料。

④氨化处理麦秸＋青贮玉米秸类型日粮配方　麦秸氨化处理明显改善了秸秆的纤维结构，提高了秸秆的营养价值与可消化性，但缺乏青绿饲料富含的维生素等养分，与玉米秸青贮饲料合理搭配，可产生青饲催化及秸秆组合效应，是一种促进秸秆科学利用颇具潜力的日粮类型。育肥全程使用推荐日粮（表 6–9），可使日增重由对照组的 1.05 千克提高至 1.26 千克，提高 20%，缩短出栏天数 31 天，年利润提高 13.38%。

表 6–9　氨化麦秸＋青贮类型日粮配方和营养水平

体重阶段（千克）	精料配方（%）					
	玉　米	麸　皮	棉籽饼	尿　素	食　盐	石　粉
300～350	55.7	22.5	20.0	0.6	1.0	0.2
350～400	61.4	19.3	17.2	1.1	1.0	—
400～450	69.6	14.6	13.0	1.8	1.0	—
450～500	74.4	12.0	10.4	2.2	1.0	—

体重阶段（千克）	采食量（千克 / 日・头）			营养水平（数量 / 日・头）			
	精饲料	玉米秸青贮	氨化麦秸	RND（个）	XDCP（克）	钙（克）	磷（克）
300～350	4.04	11.0	3.0	6.10	660	38	22
350～400	4.25	13.0	3.5	6.8	691	39	21
400～450	4.71	15.0	4.0	7.6	722	37	22
450～500	4.99	17.0	4.5	8.4	754	36	23

注：精饲料中另加 0.2% 的添加剂预混料。

⑤玉米秸微贮类型日粮配方　玉米秸微贮后，质地柔软，气味芳香，适口性好，消化率提高，制作季节延长。在育肥全程使用表 6–10 所推荐的配方可由传统日粮的日增重 1.06 千克，增加至 1.36 千克，提高 28.44%，出栏天数可缩短 43 天，年经济效益提高 38.39%。

表 6–10　玉米秸微贮类型日粮配方和营养水平

体重阶段（千克）	精饲料配方（%）				
	玉　米	麸　皮	棉籽饼	尿　素	石　粉
300～350	64.6	—	33.9	0.59	0.91

续表 6–10

体重阶段（千克）	精饲料配方（%）				
	玉　米	麸　皮	棉籽饼	尿　素	石　粉
350～400	55.6	23.1	20.5	0.05	0.70
400～450	63.5	18.7	16.7	0.73	0.37
450～500	68.6	16.2	14.1	1.06	0.13

体重阶段（千克）	采食量（千克 / 日 · 头）		营养水平（数量 / 日 · 头）			
	精饲料	玉米秸微贮	RND（个）	XDCP（克）	钙（克）	磷（克）
300～350	4.35	12	6.1	660	660	38
350～400	4.20	15	6.8	691	38	21
400～450	4.4	18	7.6	722	37	22
450～500	4.7	20	8.4	7.54	36	23

注：由于处理玉米秸中已加入了食盐，故日粮中不再添加。精饲料中另加 0.2% 的添加剂预混料。

（4）农业部科研项目日粮配方　笔者在近年参加了农业部科研专项“北方农作物秸秆饲用化利用技术研究与示范”——“华北地区奶牛和肉牛饲用化秸秆型日粮配合优化技术研究与示范”研究，分别对架子牛短期育肥使用玉米秸秆黄贮饲料＋谷草＋酒糟和玉米秸秆黄贮＋酒糟粗饲料类型进行了系统研究，结果如下。

①玉米秸秆黄贮＋谷草＋酒糟类型日粮配方　通过体外法和饲养试验都证实，玉米秸秆黄贮饲料＋谷草最佳比例为 80 : 20。93 天平均日增重达到 1.58 千克。日粮配方和营养水平见表 6–11。

表 6-11　玉米秸秆黄贮 + 谷草 + 酒糟类型日粮配方及营养水平

原　料	日粮配方（%）		营养水平		
	前　期	后　期	营养指标	前　期	后　期
玉　米	42.20	50.70	综合净能（兆焦 / 千克）	6.44	6.81
豆　粕	7.30	5.40	粗蛋白质（%）	11.59	10.96
碳酸氢钠	0.50	0.50	中性洗涤纤维（%）	32.17	27.92
预混料	3.00	3.40	酸性洗涤纤维（%）	18.04	15.19
酒　糟	9.10	8.70	钙（%）	0.69	0.72
玉米秸秆黄贮	30.32	25.04	磷（%）	0.31	0.32
谷　草	7.58	6.26			
总　计	100.00	100.00			

注：预混料包括维生素 A，维生素 D_3，维生素 E，铁，锰，锌，铜，碘，硒，钴及食盐。

②玉米秸秆黄贮 + 酒糟类型日粮配方　通过不同能量水平的饲养试验证实中等能量水平育肥效果最好。育肥 121 天，全期平均日增重达到 1.51 千克，经济效益最佳。日粮配方和营养水平见表 6-12。

表 6-12　玉米秸秆黄贮 + 酒糟类型日粮配方及营养水平

原　料	日粮配方（%）			营养水平			
	前　期	中　期	后　期	营养指标	前　期	中　期	后　期
玉　米	37.80	41.40	46.70	综合净能（兆焦 / 千克）	6.38	6.53	6.80
豆　粕	7.00	5.50	2.90	粗蛋白质（%）	12.03	11.59	11.01
小麦麸皮	0.00	0.70	6.40	中性洗涤纤维（%）	32.84	31.11	28.48

续表 6–12

原　料	日粮配方（%）			营养水平			
	前　期	中　期	后　期	营养指标	前　期	中　期	后　期
碳酸氢钠	0.50	0.50	0.50	酸性洗涤纤维（%）	18.40	17.15	14.65
预混料	2.70	2.90	3.50	钙（%）	0.64	0.66	0.71
酒　糟	12.50	12.50	11.00	磷（%）	0.32	0.33	0.38
玉米秸秆黄贮	39.50	36.50	29.00				
总　计	100.00	100.00	100.00				

注：预混料包括维生素 A，维生素 D_3，维生素 E，铁，锰，锌，铜，碘，硒，钴及食盐。

五、高档牛肉生产技术

随着消费水平的提高，人们对高档牛肉和优质牛肉的需求急剧增加，育肥高档肉牛，生产高档牛肉，具有十分显著的经济效益和广阔的发展前景。为提高高档牛肉产量、高屠宰率，在肉牛的育肥饲养管理技术上有着严格的要求。

（一）高档牛肉的基本要求

所谓高档牛肉，是指能够作为高档食品的优质牛肉，如牛排、烤牛肉、肥牛肉等。优质牛肉的生产，肉牛屠宰年龄在12～18月龄的公牛，屠宰体重400～500千克。高档牛肉的生产，屠宰体重600千克以上，以阉牛育肥为最好；高档牛肉在满足牛肉嫩度剪切值3.62千克以下、大理石状花纹1级或2级、质地松弛、多汁色鲜、风味浓香的前提下，还应具备产品的安全性即可追溯性以及产品的规模化、标准化、批量化和常态化。高档肉牛经过高标准的育肥后其屠宰率可达65%～75%，其中高档牛肉量可占到胴体重的8%～12%，或是活体重的5%左右。85%的牛肉可作为优质牛肉，少量为普通牛肉。

1. 品种与性别要求 高档牛肉的生产对肉牛品种有一定的要求，不是所有的肉牛品种，都能生产出高档牛肉。经试验证明某些肉牛品种如西门塔尔、婆罗门等品种不能生产出高档牛肉。目前国际上常用安格斯、日本和牛、墨累灰等及以这些品种改良的肉牛作为高档牛肉生产的材料。国内的许多地方品种如秦川牛、晋南牛、鲁西牛、南阳牛、延边牛、郏县红牛、复州牛、渤海黑牛、草原红牛、新疆褐牛等品种适合用于高档牛肉的生产。或用地方优良品种与能生产高档牛肉的肉牛品种进行杂交改良牛也可用于高档牛肉的生产。

生产高档牛肉的公牛必须去势，因为阉牛的胴体等级高于公牛，而阉牛又比母牛的生长速度快。母牛的肉质最好。

2. 育肥时间要求 高档牛肉的生产育肥时间通常要求在18～24月，如果育肥时间过短，脂肪很难均匀地沉积于优质肉块的肌肉间隙内，如果育肥牛年龄超过30月龄，肌间脂肪的沉积要求即使可达到高档牛肉的要求，但其牛肉嫩度很难到达高档牛肉的要求。

3. 屠宰体重要求 屠宰前的体重到达600～900千克，没有这样的宰前活重，牛肉的品质达不到高档级标准。

（二）育肥牛营养水平与饲料要求

7～13月龄日粮营养水平：粗蛋白质12%～14%，消化能3～3.2兆卡/千克，或总可消化养分在70%。精饲料占体重1%～1.2%，自由采食优质粗饲料。

14～22月龄日粮营养水平：粗蛋白质14%～16%，消化能3.3～3.5兆卡/千克，或者总可消化养分73%。精饲料占体重1.2%～1.4%，用青贮饲料和黄色秸秆搭配粗饲料。

23～28 月龄日粮营养水平：日粮粗蛋白质 11%～13%，消化能 3.3～3.5 兆卡 / 千克，或者总可消化养分 74%，精饲料占体重 1.3%～1.5%，此阶段为肉质改善期，少喂或不喂含各种能加重脂肪组织颜色的草料，如黄玉米、南瓜、红胡萝卜、青草等。改喂使脂肪白而坚硬的饲料，如麦类、麸皮、麦糠、马铃薯和淀粉渣等，粗饲料最好用含叶绿素、叶黄素较少的饲草，如玉米秸、谷草、干草等。在日粮变动时，要注意做到逐渐过渡。一般要求精饲料中麦类大于 25%、大豆粕或炒制大豆大于 8%，棉籽粕（饼）小于 3%，不使用菜籽饼（粕）。

按照不同阶段制定科学饲料配方，注意饲料的营养平衡，以保证牛的正常发育和生产的营养需要，防止营养代谢障碍和中毒疾病的发生。

（三）高档牛肉育肥牛的饲养管理技术

1. 育肥公犊标准和去势技术

（1）标准犊牛　①胸幅宽，胸垂无脂肪、呈 V 形；②育肥初期不需重喂改体况；③食量大、增重快、肉质好；④发病少。

（2）不标准犊牛　①胸幅窄，胸垂有脂肪、呈 U 形；②育肥初期需要重喂改体况；③食量小、增重慢、肉质差；④易患肾、尿结石，突然无食欲，发病多。

（3）用于生产高档牛肉的公犊　在育肥前需要进行去势处理，应严格在 4～5 月龄（4.5 月龄阉割最好），太早容易形成尿结石，太晚影响牛肉等级。

2. 饲养管理技术

（1）分群饲养　按育肥牛的品种、年龄、体况、体重进行分群饲养，自由活动，禁止拴系饲养。

（2）改善环境、注意卫生　牛舍要采光充足，通风良好。冬天防寒，夏天防暑，排水通畅，牛床清洁，粪便及时清理，运动场干燥无积水。要经常刷拭或冲洗牛体，保持牛体、牛床、用具

等的清洁卫生，防止呼吸道、消化道、皮肤及肢蹄疾病的发生。舍内垫料多用锯末或稻皮。饲槽、水槽 3～4 天清洗 1 次。

（3）充足给水、适当运动 肉牛每天需要大量的饮水，保证其洁净的饮用水，有条件的牛场应设置自动饮水装置。如由人工喂水，饲养人员必须每天按时供给充足的清洁饮水。特别是在炎热的夏季，供给充足的清洁饮水是非常重要的。同时，应适当给予运动，运动可增进食欲，增强体质，有效降低前胃疾病的发生。沐浴阳光，有利育肥牛的生长发育，有效减少佝偻病发生。

（4）刷拭、按摩 在育肥的中后期，每天对育肥牛用毛刷、手对其全身进行刷拭或按摩 2 次，来促进体表毛细血管血液的流通量，有利于脂肪在体表肌肉内均匀分布，在一定程度上能提高高档牛肉的产量，这在高档牛肉生产中尤为重要，也是最容易被忽视的细节。

3. 育肥牛的疾病防治技术 育肥牛的疾病防治应坚持预防为主，防重于治的方针。严格按照卫生防疫制度执行。

（四）屠宰加工

不同品种屠宰的年龄和体重有所差异。当肉牛年龄在 25～30 月龄、体重达到 600～800 千克时，及时出栏屠宰。屠宰要放血完全，并将胴体（劈半）吊挂在 0～4℃条件下 14 天左右或采取电刺激法快速嫩化成熟，然后分割包装（严格操作规程，将牛柳、西冷、眼肌、米龙等高档和优质肉块分割开来），快速冷冻后再置于 –15～–25℃的冷库中贮藏。

优质和高档牛肉的生产加工工艺流程：

膘情评定→检疫→称重→淋浴→倒吊→击昏→放血→剥皮（去头、蹄和尾巴）→去内脏→胴体劈半→冲洗→修整→称重→冷却→排酸成熟→剔骨分割、修整→包装